초등학생이
가장 궁금해하는
신비한 우주
이야기 30

초등학생이 가장 궁금해하는
신비한 우주 이야기 30

초판 1쇄 발행 2012년 3월 10일

지은이 | 장수하늘소
그린이 | 이갑규
펴낸이 | 한승수
마케팅 | 김승룡
편집 | 정광희
디자인 | 우디

펴낸곳 | 하늘을나는교실
등록번호 | 제300-1994-16호
전화 | 031-907-4934
팩스 | 031-907-4935
E-mail | hvline@naver.com

ⓒ 장수하늘소 2012

ISBN 978-89-94757-05-6 64400
ISBN 978-89-963187-0-5(세트)

초등학생이
가장 궁금해하는
신비한 우주
이야기 30

장수하늘소 지음 | 이갑규 그림

하늘을 나는교실

가장 크면서 가장 작은 것은 무엇일까요?

이 세상에서 가장 크면서, 또 가장 작은 것은 무엇일까요? 글쎄요? 가장 큰 것은 하늘이고, 가장 작은 것은 눈에 보이지조차 않는 먼지라고요? 예, 그럴 수도 있겠네요.

그렇지만, 위의 질문은 가장 크면서 또 가장 작은 것에 대한 것이지요? 그러니까 답은 하나여야 해요.

그것이 과연 무엇일까요?

바로 우주예요. 우주는 우리가 감히 상상할 수 없는 어마어마한 크기랍니다.

그러면, 그렇게 큰 우주가 가장 작다는 말은 또 무슨 말이냐고요?

그야 시간을 거꾸로 거슬러 올라가 최초의 순간 이전으로 가면 알 수 있지요. 우주가 처음 생겨날 때, '빅뱅'이라고 하는 '대폭발'이 일어났다고 해요. 이 순간이 바로 우주가 태어난 '최초의 순간'이에요.

그런데 그 폭발이 있기 전에 우주는 아주아주 작은 점이었다고 해요. 있는 것 같으면서 없고, 없는 것 같으면서 있는 그런 점 말이에요.

참으로 이상하지요? 그런 것이 과연 있을 수 있을까요?

더 놀라운 것은, 그렇게 작은 점 속에 세상의 모든 것이 들어 있었다는 거예요. 별들도, 태양도, 우리 지구도, 시간과 공간까지도 모두모두 작은 점 속에 들어 있었다고 해요.

그런데 어느 순간, 그 점이 대폭발을 일으켰어요. 그리고 나서부터 우주에는 시간과 공간이 생기고, 태양을 비롯한 수많은 별이 생겨나기 시작했지요.

우리 지구도 그런 과정을 통해서 지금으로부터 약46억 년 전에 태어났어요. 그 오랜 시간이 흐르는 동안, 매우 특별한 일이 일어났어요. 바다가 생기고 최초의 생명체가 나타나고 공룡이 뛰어 다녔지요.

그러면 우리 사람은 언제 지구에 처음 나타났을까요?

궁금하지요? 이 책 속에는 어린이 여러분이 우주와 지구에 대해 정말로 궁금해 하는 것들이 모두 담겨 있습니다.

감동과 재미를 듬뿍 머금은 이야기들이 우리를 과학의 세계로 안내합니다.

자, 이제 여러분. 하늘 끝 저 아득한 꿈의 세계로 여행을 떠나 볼까요?

장수하늘소

차례

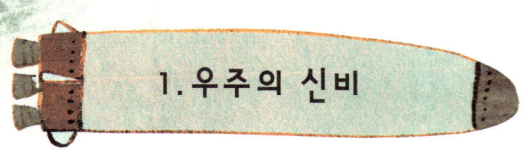

1. 우주의 신비

똘똘이 개미의 지혜

땅 속 개미 나라에서 여왕개미가 새로 뽑혔습니다. 새 임금이 뽑히자, 일개미들은 모두 기뻐했습니다.

그런데 여왕개미는 조금도 기뻐하지 않았습니다. 개미 나라에서는 한 번 임금이 되면, 죽을 때까지 땅 속에서만 지내며 알을 낳아야 하기 때문입니다. 여왕개미는 임금이 되기 전에 땅 위를 돌아다니면서 마음껏 하늘을 바라보던 때가 그리웠습니다. 그렇지만 땅 위로 나가고 싶어도 나갈 수가 없었어요. 날마다 알을 낳아야 했기 때문에 몸이 움직일 수도 없을 만큼 무거웠답니다.

여왕개미가 날마다 슬픔에 잠겨 있자, 신하개미들은 걱정되었습니다. 여왕개미가 알을 많이

낳아야 씩씩한 일개미를 많
이 키워 낼 수 있고, 그래
야 개미 나라가 잘 살게
될 텐데 말이에요.

　신하개미들은 머리를
맞대고 좋은 방법이 없을까
생각해 보았지만, 마땅한 생각이
떠오르지 않았습니다. 그 때, 똑똑하
기로 소문난 똘똘이 개미가 말했습니다.

　"하늘을 가져다가 임금님께 선물하는 게 좋겠어요."

　그 말에 신하들은 어이가 없다는 듯이 웃기만 할 뿐이었습니다.
신하들이 아무런 대꾸도 하지 않자, 똘똘이가 다시 말했습니다.

　"제가 하늘을 가져오겠습니다."

　신하들은 똘똘이를 바라보며 어처구니없어 했습니다. 무슨 수로
하늘을 가져오겠느냐는 것이었지요. 똘똘이가 계속 말했습니다.

　"하늘을 직접 가져올 수는 없지만, 임금님을 기쁘게 해 드리기만
하면 되지 않겠어요? 저한테 방법이 있답니다. 저하고 같이 일할 일
개미 천 마리만 보내 주세요. 그러면 오늘 밤 안으로 임금님을 기쁘
게 해 드리겠습니다."

　신하들은 모두 똘똘이의 말이 미덥지가 않았지만, 그렇다고 해서
달리 방법이 있는 것도 아니었어요. 그래서 튼튼하고 일 잘하는 일
개미 천 마리를 똘똘이에게 보내 주었습니다.

똘똘이는 일개미들에게 굴을 지금보다 훨씬 넓게 파라고 일렀습니다. 일개미들은 똘똘이가 시키는 대로 부지런히 굴에서 흙을 퍼냈습니다. 그렇게 하루 종일 흙을 퍼내자, 저녁 무렵에는 굴이 몰라보게 넓어졌습니다. 마침내 여왕개미가 누워 있는 방에서도 하늘이 훤히 보일 정도가 되었어요.

날이 저물자, 하늘에는 별들이 보이기 시작했습니다. 똘똘이는 여왕개미가 누워 있는 방의 문을 열고 말했습니다.

"임금님, 별들이 반짝반짝 빛나는 아름다운 하늘이에요."

여왕개미는 몸을 일으켜 방문 옆으로 다가가 똘똘이가 가리키는 하늘을 쳐다보았습니다. 정말 깊은 땅 속에서도 은하수가 흐르고 별들이 반짝이는 하늘이 보이는 것이었어요.

한참 동안 하늘을 바라보던 여왕개미의 얼굴에 비로소 밝은 웃음이 떠올랐습니다. 여왕개미는 똘똘이에게 말했습니다.

"땅 속에서도 하늘을 볼 수 있게 해 주다니, 당신은 참 지혜로운 신하로군요."

똘똘이도 기뻐하며 말했습니다.

"임금님. 저렇게 별들이 반짝이는 하늘이 바로 우주랍니다. 보고 싶을 때면 언제든지 방문을 여세요. 그러면 낮에는 햇빛이 밝게 비추는 우주를, 밤에는 별이 반짝이는 아름다운 우주를 보실 수 있을 거예요."

땅 위로 나갈 수는 없지만, 이제는 언제든지 하늘을 볼 수 있게 되어 여왕개미는 여간 기쁜 게 아니었어요.

우주는 언제 어떻게 태어났을까요?

　아득하고도 까마득하게 먼 옛날, 세상에는 아무것도 없었습니다. 오직 매우 작고 단단한 점 하나만 있을 뿐이었습니다. 이 점은 약 150억 년에서 200억 년 사이에 어마어마한 폭발을 일으켰습니다. 그리고 이 폭발과 함께 우주가 태어났습니다.

　이렇게 우주가 대폭발과 함께 생겨났다는 이론을 '빅뱅 이론'이라고 합니다. 빅뱅이란 말은 '대폭발'이라는 뜻입니다.

우주의 탄생

우주는 어떻게 생겼을까요?

우주는 아득하게 넓은 공간입니다. 이 공간 속에는 우주가 태어날 때 뿜어져 나온 가스와 먼지가 있습니다. 그리고 약 1천억 개에 이르는 은하가 있고, 또 은하 하나 안에는 약 2천억 개나 되는 태양 같은 별이 있습니다.

공작자리 은하단

별들한테는 지구 같은 행성이 딸려 있기도 하고, 행성에는 달 같은 위성이 딸려 있기도 합니다. 별들이 내뿜는 빛이 있고, 캄캄한 어둠이 있고, 시간까지도 멈추게 하는 블랙홀이 있습니다.

그 밖에도 아직 우리가 알지 못하는 것들도 얼마든지 있습니다.

빛과 시간까지도 잡아먹는 블랙홀

매우 무겁고 단단한 큰 별은 오랜 시간이 지나면, 대폭발을 일으키며 죽습니다.

이 때, 대폭발과 함께 별을 이루고 있던 물질들이 우주 공간으로 퍼집니다. 그렇지만, 우주로 퍼지지 않고 남는 물질들도 있어요. 이 물질들은 엄청난 힘의 의해서 끊임없이 줄어들어 '블랙홀'이 됩니다.

그러나 블랙홀은 어떤 방법으로도 볼 수 없습니다. 그 이유는 블랙홀이 끌어당기는 힘이 워낙 세서, 한 번 거기에 말려들면 그것으로 끝장이기 때문입니다. 1초에 300,000km로 나아가는 빛도 블랙홀에 빠지는 순간 사라져 버립니다. 시간도 블랙홀에 빠지면, 꼼짝없이 멈추고 말지요.

블랙홀

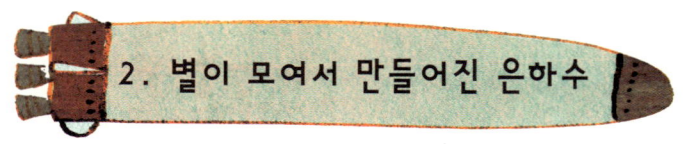

은하수를 기억하니?

맑게 갠 어느 날 밤이었어요. 하늘에는 별들이 초롱초롱 빛나고 있었어요. 더구나 그날따라 달도 뜨지 않아서 별들은 더욱 밝게 빛났지요.

그런데 숲 속 어디에선가 티격태격하는 소리가 들렸어요. 까치하고 까마귀였어요.

"까마귀야! 옛날에 너랑 나랑 같이 은하수에 갔다 와 놀고도 모르니? 은하수가 어째서 구름이란 말이니? 은하수는 하늘에 흐르는 강물이란 말이야."

까마귀도 지지 않고 말했어요.

"넌 참 머리가 나쁘구나. 그 때 너하고 나하고 두 눈으로 똑바로 보았잖니? 은하수가 하늘에 뭉게뭉게 떠 있는 구름이었다는 걸 벌써 잊었단 말이야?"

"머리가 나쁜 건 너야! 우리가 그 때 은하수까지 왜 갔는데? 견우님하고 직녀님이 만날 수 있도록 다리를 놓기 위해서였잖아."

까치와 까마귀는 밤이 깊도록 옥신각신 떠들었어요. 그 바람에 숲속의 동물들은 잠을 이룰 수가 없었어요.

숲 속의 임금인 호랑이가 참다못해 까치와 까마귀를 불렀어요.

"너희는 왜 잠도 안자고 떠들어 대느냐? 이 곳 숲 속은 너희만 사는 게 아니지 않느냐?"

그러자 까치가 호랑이 앞에서 한 발자국 나서며 말했어요.

"호랑이님! 까마귀가 하도 말이 안 되는 소리를 하잖아요. 은하수가 구름이라잖아요."

까마귀도 지지 않고 호랑이에게 말했어요.

"은하수는 분명히 구름이라고요. 제 눈으로 똑똑히 본 걸요. 은하수를 강물이라고 거짓말하는 까치는 벌을 받아야 돼요."

그렇지만 호랑이는 알 수가 없었어요. 지금까지 하늘에 떠 있는 별이나 은하수에 대해 한번도 관심을 가져 본적이 없었거든요.

"글쎄, 은하수가 뭐더라? 어디보자. 강물인 것도 같고, 구름인 것도 같고."

호랑이는 갑자기 머리가 혼란스러워졌어요. 그래서 숲속의 만물 박사인 오소리를 불렀어요. 산꼭대기에서 망원경으로 별을 살펴보고 있던 오소리가 눈을 비비면서 호랑이 앞으로 왔어요.

까치와 까마귀는 서로 제 말이 옳다고 우기면서, 오소리에게 판정을 내려 달라고 했어요. 이야기를 다 듣고 난 오소리는 별것 아니라는 듯 껄껄 웃고 나서는 말했어요.

"은하수는 구름이라고 말할 수는 있어도, 강물은 아니야. 은하수에는 셀 수 없을 만큼 많은 별이 모여 있어. 또 가스와 먼지도 은하수에 떠 있지. 바로 그 가스와 먼지가 별빛을 받아 희미하게 빛나며 구름처럼 보이는 거란다. 그런데 가스와 먼지 구름이 수많은 별과 함께 길게 이어져 마치 강물이 흐르는 것처럼 보이는 거라고."

까치와 까마귀는 머리를 갸웃거렸어요.

먼 옛날, 오작교를 놓으러 갔을 때 본 것이 강물이었는지 구름이었는지 여전히 헷갈렸거든요.

은하수는 별들이 모여서 만들어진 것이에요

별은 항성, 행성, 위성, 혜성, 유성으로 나뉩니다.

태양처럼 한자리에 머물러 있으면서, 열과 빛을 내는 별을 항성이라고 합니다. 행성은 지구가 태양 주위를 돌듯이 항성의 주위를 도는 별이고, 위성은 이 행성의 주위를 도는 별입니다.

혜성은 긴 꼬리를 만들면서 태양계를 도는 별이고, 유성은 우리가 '별똥별'이라고 하는 별을 말합니다.

과학의 세계에서는 항성만을 별이라고 합니다.

나선형 은하

성운과 성단은 뭘까요?

천체 망원경으로 밤하늘을 보면 밝거나 어두운 덩어리가 구름처럼 보이는 것이 있습니다. 이것을 '성운'이라고 합니다. 성운은 은하 속에 있는 가스나 먼지가 별들이 내뿜는 빛을 반사함으로써 생깁니다.

성단은 은하 밖에 있는 별들이 서로 가까운 거리에 빽빽이 무리지어 있는 것을 말합니다.

오리온성운

구상성단

태양과 같은 별이 아니면서도 빛을 내는 별들

밤하늘을 자세히 보면 태양과 같은 별이 아니면서도 빛을 내는 별들이 보일 것입니다. 이 별들 중에는 스스로 빛을 내는 별보다 오히려 밝게 빛나는 것도 있습니다. 태양계에서는 금성이나 목성 같은 행성이 바로 그러한 별들입니다. 또 지구의 위성인 달은 웬만한 것은 다 보일 만큼, 어두운 밤을 환히 밝혀 줍니다.

그렇지만, 행성이나 위성이 스스로 빛을 내는 것은 아닙니다. 그 빛들은 모두 태양이 보내준 것입니다. 그러니까 곧 금성이나 목성, 달이 햇빛을 지구로 반사하는 것입니다.

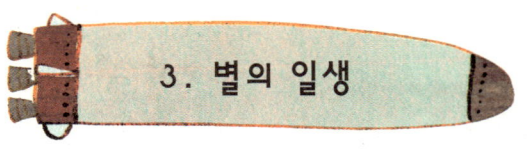

별이 되어 태어날게

깊은 산속에 자그마한 절이 있었어요. 그 절에는 할아버지스님 한 분이 부모를 잃은 아기스님과 함께 오순도순 살고 있었어요.

어느 날, 할아버지스님은 하루 종일 노루랑 토끼랑 산에서 놀다가 늦게 돌아온 아기스님을 불렀어요.

"아가야! 재미있게 놀다 왔니?"

"예, 노루가 다리를 다치는 바람에 약초를 뜯어서 고쳐 주었어요."

할아버지스님은 아기스님의 머리를 사랑스럽게 쓰다듬어 주셨어

요. 그러고는 이렇게 말씀하셨어요.

"나도 이제 많이 늙었단다. 이제 그만 먼 곳으로 떠나야겠구나."

"할아버지, 어디로 가시는데요? 저도 따라 갈래요."

그러자 할아버지스님은 손을 저으며 말했어요.

"그 곳은 할아버지만 가는 곳이란다. 얘야, 나 좀 마당으로 데리고 나가다오."

아기스님은 할아버지스님을 부축해서 마당으로 나왔어요.

"저기, 저 별 좀 보거라."

아기스님은 밤하늘을 올려 보았어요. 하늘에는 별이 가득했어요. 할아버지의 손끝은 유난히 밝게 빛나는 별을 가리키고 있었어요.

"아가야, 저 별은 큰 별이 죽어서 새로 태어난 별이란다."

아기스님은 이상한 기분이 들었어요. 할아버지가 도대체 왜 이런 말씀을 하시는 걸까요?

"내가 죽는다고 슬퍼하지 말거라. 나는 새 별로 다시 태어날 거니까."

"별로 다시 태어나신다고요?"

"그래. 나는 우리 아가처럼 새 별로 다시 태어날 거란다."

그날 밤, 할아버지스님은 숨을 거두었어요. 아기스님은 울지 않기로 마음먹었지만, 웬일인지 자꾸 눈물이 났어요.

"그래, 할아버지는 별이 되셨을 거야."

할아버지스님의 죽음을 전해들은 마을 사람들이 절로 모여들었어요. 그리고 절의 풍속에 따라 돌아가신 할아버지스님의 몸을 불에 태웠지요.

그런데 이상한 일이 벌어졌어요. 할아버지의 시신이 장작불보다 밝게 타오르다가, 갑자기 불이 꺼져 버린 거예요. 타고 남은 잿더미에는 무엇인지 밝게 빛나는 것이 있었어요. 바로 '사리'라고 하는 밝고 아름다운 구슬이었어요.

이튿날, 아기스님은 돌을 주어다가 마당에 탑을 쌓고, 탑속에 그 구슬을 모셨어요. 사람의 발길이 뜸하던 그 절에, 온 나라에서 사람들이 찾아오기 시작했어요. 사람들은 탑 앞에 엎드려 큰절을 했어요.

날이 어두워지면, 절에 왔던 사람들은 모두 돌아가고 아기스님 혼자 남았어요. 그러면 아기스님은 혼자서 절을 지키며 밤새도록 부처님께 기도했지요.

"부처님! 저도 우리 할아버지스님처럼 밝고 아름다운 별로 태어날 수 있게 도와주세요. 또 노루와 토끼와 마을 사람들, 그리고 세상의 모든 것이 밝고 아름다운 별로 다시 태어날 수 있게 해주세요."

아기스님의 기도 소리는 밤마다 산골짜기 깊은 곳까지 퍼져갔어요. 그럴 때마다 숲 속의 동물들과 나무며 풀들이 모두 숨을 죽이고, 아기스님의 기도 소리를 들었답니다.

별도 죽는다고요?

별도 죽는다니 참 이상한 일이지요? 그렇지만, 별도 나이를 많이 먹으면 죽습니다. 별을 이루는 물질 중에는 '수소'라는 기체가 있습니다. 수소는 끊임없이 타면서 열과 빛을 내뿜습니다. 그리고 수소는 '헬륨'이라는 재를 남깁니다. 헬륨도 마찬가지로 불꽃을 내며 폭발을 합니다. 그렇게 오랜 시간이 흘러 수소도 헬륨도 다 타고 나면 별이 죽는 것입니다.

별의 폭발

죽어서 다이아몬드가 되는 별이 있다고요?

다이아몬드

가장 단단한 물질인 다이아몬드는 가장 귀중한 보석이기도 합니다. 별 중에는 죽어서 다이아몬드가 되는 별이 있습니다. 별을 이루는 물질인 수소와 헬륨이 다 타고 나면, 별은 천천히 식으면서 매우 딱딱한 탄소 덩어리가 됩니다. 바로 이 탄소 덩어리가 다이아몬드입니다.

나이에 따라서 다른 별들의 색깔

별은 나이를 먹어 가면서 빛깔이 변합니다. 그 까닭은 시간이 지나면서 별의 온도가 변하기 때문입니다. 갓 태어났을 때는 온도가 낮아 붉은빛이다가 점점 뜨거워지면서 노란빛으로 변합니다. 그다음에는 흰빛으로 변했다가 가장 뜨거울 때는 파란빛으로 바뀝니다. 그러다가 천천히 식으면서 다시 붉은빛으로 바뀝니다.

여름의 대삼각형

별 중에
가장 밝은 3개의 별이
삼각형 모양이라서
붙여진 이름이에요.

초신성과 중성자별

태양보다 수십 배, 수백 배 큰 별은 나이를 많이 먹으면, 대폭발을 일으킵니다. 이 때, 별을 이루고 있던 물질 대부분이 우주공간으로 날아가 버립니다.

그런데 우주로 날아가지 않고 남은 물질들은 매우 작지만 밝은 빛을 내는 별이 됩니다. 이 별이 바로 초신성입니다. 초신성은 점점 더 작아지다가 마지막 폭발을 일으킨 다음에 우주에서 완전히 사라져 버립니다.

하지만 태양만한 별들은 폭발하지 않고 천천히 식으면서 죽습니다. 폭발을 일으킬 만큼 에너지가 충분하지 않기 때문이지요. 이러한 별을 '중성자별'이라고 합니다.

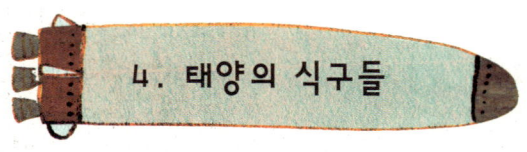

가족사진을 찍었어요

혼자서 하늘을 지키던 태양은 매우 심심했어요. 그래서 이 생각 저 생각 하던 끝에 좋은 생각이 떠올랐어요.

"그렇지! 나도 내 아이들을 만들면 되겠구나. 아이들을 만들어 같이 놀아야지."

태양은 아이들을 만들기 위해 뜨거운 열을 내뿜었어요. 그러자 태양 주위에 있던 먼지와 가스로 된 구름들이 우주 공간으로 퍼져 나갔어요. 그리고 얼마 뒤, 아홉 개의 크고 작은 별들이 생겨났어요. 아홉 개의 별들은 태양을 빙빙 돌면서 재롱을 피웠어요.

"엄마, 엄마! 우리한테 예쁜 이름 지어 주세요, 네?"

"암. 세상에서 가장 멋진 이름을 지어주고 말고."

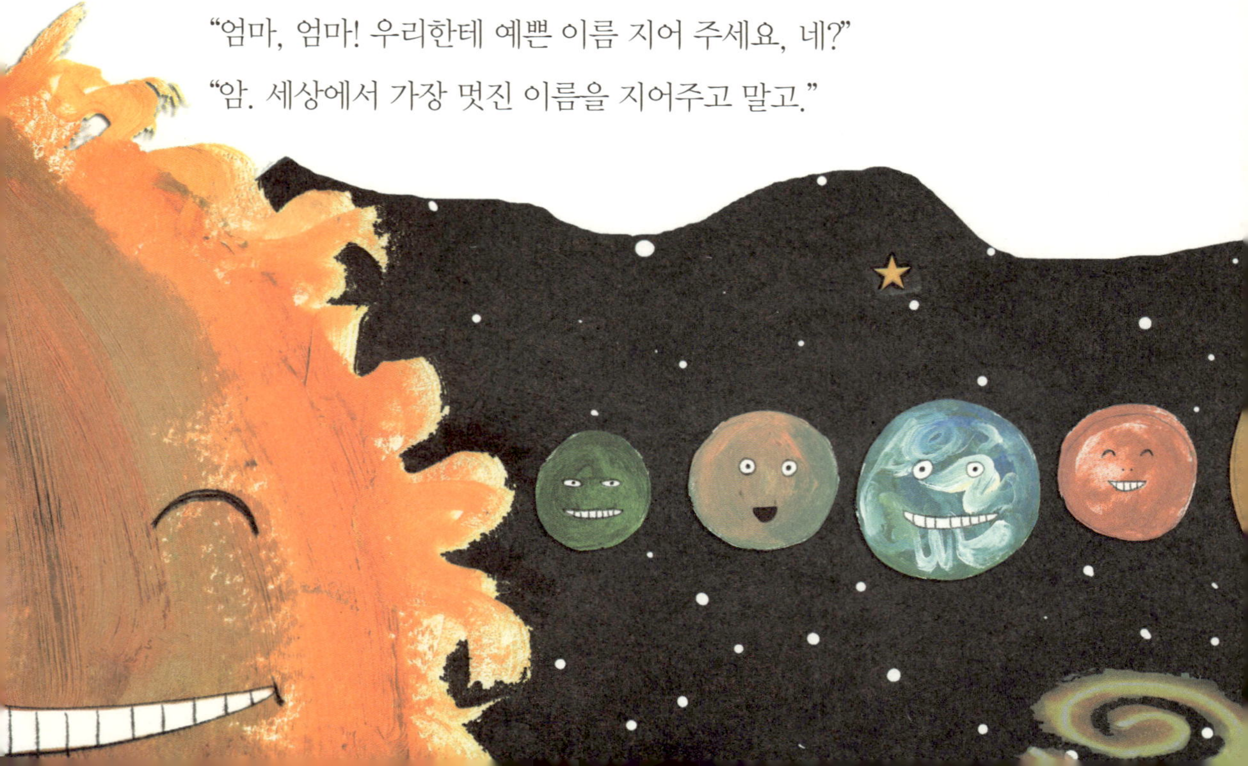

    태양은 별들에게 예쁜 이름을 붙여 주었어요. 가장 가까이 있는 별부터 순서대로 수성, 금성, 지구, 화성, 목성, 토성, 천왕성, 해왕성, 명왕성이라는 이름을 지어 주었지요.

    "너희는 모두 한 형제니까 사이좋게 지내야 한다. 알겠니?"

    별들은 모두 "네!" 하고 씩씩하게 대답했어요. 그런데 목성이 이렇게 물었어요.

    "엄마, 우리 가운데 누가 맏형이고 누가 막내예요? 그걸 알아야 싸우지 않고 더 사이좋게 지내지요."

    "그래. 그거 좋은 생각이구나. 그런데 어떻게 순서를 정한담? 너희가 동시에 세상이 태어났으니 말이야."

    태양이 고개를 갸웃거렸어요.

    "엄마! 내가 가장 아름답지요? 그러니 내가 맏형 할래요."

    지구가 예쁜 표정을 지으며 태양에게 말했어요. 그러자 목성이 불쑥 나서며 말했어요.

    "덩치가 큰 순서대로 형 아우를 정하는 게 좋겠어요."

목성의 말이 끝나기가 무섭게 이번에는 수성이 나서며 말했어요.

"흥, 말도 안되는 소리! 덩치만 크면 뭐해? 내가 엄마하고 가장 가까이 있으니 나를 가장 큰 형님이라고 불러야 한다고."

고집쟁이 지구가 다시 말했어요.

"누가 뭐래도 아름다운 순서로 해야 한다고, 그리고 생명이 살고 있는 별이 있으면 나와 봐. 나 말고 또 있어?"

태양은 골치가 아팠어요. 좀 즐겁게 지내고 싶어 아이들을 만든 건데, 이렇게 시끄럽게 싸우니 말이에요.

"자, 조용조용! 형과 아우를 정하는 것은 없었던 일로 하겠다. 그러니 다투지 말고 서로 친구처럼 사이좋게 지내거라. 알았니?"

별들은 고개를 끄덕이면서도 모두 입이 삐죽 나와 있었어요.

그 때, 지나가던 떠돌이 사진사별이 다가와 태양에게 이렇게 말했어요.

"아이들의 어머니 같은데, 가족사진을 찍어 보세요. 이웃집도 가족사진을 찍더니 무척 좋아하더군요. 제가 당신 아이들을 위해 특별히 공짜로 찍어 드리지요."

그렇게 해서 태양네 식구들은 가족사진을 찍기로 했답니다.

"아유, 참! 그렇게 얼굴 찡그리고 있으면 어떡해요? 내가 '준비' 하고 외치면, 모두 '김치' 하고 외치세요! 하나, 둘, 준비!"

떠돌이 사진사별이 크게 외쳤어요.

태양과 태양의 아이들은 모두 "김치!" 하고 활짝 웃으며 사진을 찍었답니다.

또 하나의 태양이 될 뻔한 목성

목성은 지금보다 열 배만 더 컸어도 태양 같은 별이 될 뻔했습니다. 비록 태양 같은 별이 되지는 못했지만, 목성의 안쪽은 매우 뜨겁습니다. 또 태양한 테서 받은 에너지보다 두 배나 많은 에너지를 스스로 우주공간으로 내보낼 정도이니까요.

만일, 목성이 불타는 별이 되었더라면, 우리는 지금 두 개의 태양을 앞뒤에 두고 살아가고 있을 것입니다. 그러면 밤은 아주 잠깐씩밖에 오지 않겠지요?

태양계의 궤도

화성에도 사람이 살고 있을까요?

화성은 사람이 가 본, 딱 하나의 행성입니다. 1960년대부터 미국은 화성으로 우주선을 보내 생물체를 찾아내려고 했습니다. 그렇지만, 화성에는 생물체가 없다는 것을 알게 되었습니다.

화성에 생물이 없는 까닭은 공기가 매우 조금밖에 없기 때문입니다. 또 생물한테 반드시 필요한 물도 공기 중에 아주 조금밖에 없기 때문이지요.

화성표면

나이가 100살이라면?

지구는 약 50억 년 전에 태어났습니다. 그런데 이 50억 년을 100년으로 가정하고 지구에서 일어난 일을 살펴본다면, 언제 어떤 일이 일어났을까요?

먼저, 지구가 태어난 지 15년째에 지구에서 가장 오래된 바위가 생겼습니다. 세균이나 물이끼 같은 원시 생물체는 26년째 처음 나타났습니다.

도마뱀 같은 양서류가 물에서만 살다가 처음으로 뭍에 올라온 것은 92년이 지나서였습니다. 그리고 지금으로부터 3년 전에 공룡들이 지구의 주인 노릇을 하다가 그 이듬해에 모두 없어져 버렸습니다.

약 3주 전에는 아주 이상하게 생긴 동물이 나타났습니다. 바로 두발로 걸으면서 도구를 쓸 줄 아는 원시 인류입니다.

약 55분 전에는 단군할아버지가 우리나라를 세웠고, 3분 전에는 임진왜란이 일어났습니다. 그리고 3초 전에는 사람이 달에 첫발을 디뎠습니다.

우리가 사는 지구

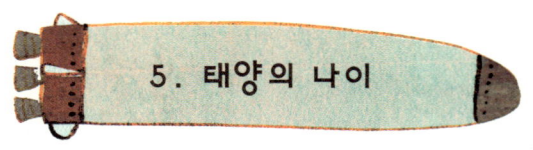

5. 태양의 나이

난 50억 살의 청년

난 요즘 몹시 기분이 나빠. 오늘 현아라는 꼬마한테 할아버지라는 말을 들었거든. 나 원 참! 내가 할아버지라니 그게 말이 돼? 난 이제 겨우 50억 살밖에 안 됐는데 말이야. 앞으로 수십 억 년을 더 살 수 있는 내가 할아버지란 말을 듣고…….

난 도저히 참을 수 없어서 현아네 집에 따지러 갔지. 나는 다짜고짜 대문을 두드리며 큰소리로 현아를 불렀어. 그런데 더 기가 막힌 일이 벌어진 거야. 현아뿐만 아니라 현아네 엄마, 아빠, 할머니, 할아버지까지 모두 날 보더니 땅에 엎드려 큰절을 하는 거야.

"아이고, 태양 영감님! 웬일이십니까? 어서 안으로 드시지요."

그 순간, 나는 아예 할 말을 잃어 버렸어. 아 글쎄, 나더러 영감님 이라니, 그게 말이 되는 소리니?

난 화가 풀릴 때까지 사람들을 보지 않기로 마음먹었어. 그래서 구름 뒤에 숨어 있기로 했단다. 그리고 구름한테 비를 자주 뿌리라고 해서, 사람들을 집안에만 있게 했지.

뭐라고? 50억 살이나 먹었으면 나이를 엄청나게

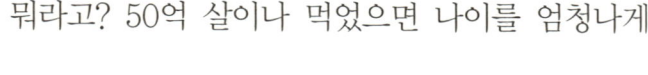

많이 먹은 것 아니냐고?

　나 원 참! 이봐, 난 사람하고 다르다니까. 사람이야 오래 살아 봤자 기껏해야 100년이지? 물론 나도 아직 죽어 본 적이 없어서 몇 살까지 살 수 있을지는 잘 몰라. 그렇지만 아마 100억 살까지는 살 수 있을 거야.

　내가 화를 내는 까닭을 이젠 알겠지? 이제 겨우 50억 살밖에 안됐는데 할아버지라는 말을 듣다니, 이렇게 억울한 일이 또 어디 있니?

아저씨면 몰라도.

가만, 구름이 너무 오랫동안 비를 뿌리는 거 아냐? 저런 저런! 미련한 구름 같으니라고.

구름은 정말 눈치가 없어서 탈이야. 내가 화 좀 나서 비를 뿌리랬더니 저렇게 많이 뿌리면 어떻게 해? 집들이 물에 잠기고, 가축들이 떠내려가잖아. 논도 밭도 모두 물에 잠겨서, 저러다가는 올 가을엔 아무것도 거두지 못하겠는걸.

나는 부랴부랴 구름을 불러서 혼쭐을 냈어.

"너도 참 눈치코치도 없다! 비 좀 뿌리랬더니 세상이 온통 물에 잠기게 하면 어떻게 하니? 너 빨리 없어져!"

구름은 얼굴이 빨개진 채 어딘가로 사라졌어.

나는 다시 세상을 향해 따뜻한 빛을 비추기 시작했지.

그런데 나는 세상을 내려다보고는 깜짝 놀랐어. 사람들이 높은 곳에다 푸짐하게 상을 차려 놓고는 절을 하고 있는 거야. '태양님! 다시 빛을 보내 주셔서 감사합니다.' 하고 말이야.

아! 나는 감동하고 말았어. 사람들이 저렇게 나를 생각하고 있다니. 그래, 다시는 사람들한테 심술을 부리지 않을 거야.

하지만 누구든 앞으로도 나한테 할아버지라고 하면 못 참아. 난 아직 50억 살밖에 안된 새파란 청년이기 때문이지.

혈기 왕성한 젊은 태양

　태양은 약 50억 년 전에 태어났습니다. 햇수로 따지면 어마어마하게 나이를 많이 먹었지요? 그렇지만 태양은 아직 팔팔한 젊은 별이랍니다. 앞으로 50억 년에서 100억 년은 더 살 수 있다고 하니까요.

　태양의 빛깔을 보면, 태양이 젊다는 걸 알 수 있습니다. 젊은 별들은 대부분 노란색인데, 태양도 노란색 별이기 때문이지요.

50억 살의 태양

태양은 얼마나 뜨거울까요?

태양은 끊임없이 폭발하면서 불꽃을 내뿜습니다. 이 때 생긴 열로 태양의 한가운데 온도는 약 1,500만℃나 됩니다. 또 태양의 표면 온도도 6,000℃나 됩니다.

태양은 이런 열을 내뿜기 위해, 인류가 지금까지 써 온 만큼의 에너지와 같은 양의 에너지를 단 1초 만에 다 태워버리고 있습니다.

태양이 내뿜는 불기둥, 코로나

태양의 표면에는 언제나 거대한 불기둥이 솟구치고 있습니다. 이 불기둥은 너무 밝기 때문에 맨눈으로는 볼 수 없습니다. 그렇지만 일식이 일어나는 날에는 볼 수 있습니다. 해가 달에 완전히 가려지면, 사진을 찍지 않은 필름으로 태양을 보세요. 그러면 태양의 테두리 밖에 불기둥이 넘실대는 것을 볼 수 있을 것입니다. 그 불기둥이 바로 '코로나'입니다.

코로나

코로나는 태양이 내뿜는 불기둥이에요.

아름다운 빛의 축제, 오로라

북극이나 남극 가까이 가면 밤하늘에서 펼쳐지는 아름다운 빛의 축제를 볼 수 있습니다. 이 빛의 주인공이 바로 '오로라' 입니다.

오로라는 태양에서 불어오는 바람인 태양풍이 지구의 북극과 남극으로 빨려들었다가 대기권들과 부딪히면서 생긴 불꽃입니다.

북극이나 남극 지방의 밤하늘에 나타나는 빛이라고 해서 '극광' 이라고도 불립니다.

밤하늘에 펼쳐지는 아름다운 빛의 축제 오로라는 극지방에서만 볼 수 있어요.

오로라는 하늘에서 벌어지는 빛의 축제예요.

오로라

6. 혜성의 여행

정우의 소원

"정우야, 아직 아무 말도 없더냐?"

"예, 할아버지. 신문도 보고 텔레비전 뉴스도 보았지만, 아직 아무 소식이 없어요."

정우의 대답을 들은 할아버지는 한숨을 내쉬며 다시 눈을 감았어요.

큰일이에요. 빨리 할아버지의 병이 나아야 할 텐데. 이럴 때 엄마, 아빠라도 있었으면……. 그렇지만 정우는 엄마, 아빠의 얼굴이 잘 떠오르지 않았어요.

엄마, 아빠는 정우가 아기였을 때 교통사고로 세상을 떠났어요.

그래서 정우는 그 때부터 할아버지와 단둘이 살아야 했지요.

그런데, 정말 큰일이에요. 할아버지의 병이 점점 깊어

만 가니
말이에요.
더구나 할아버지는 요
즘 들어 자주 "내가 너무 오래 살았
나 보구나."하고 말씀하시는 거예요.

그러고는 꼭 한 가지 희망을 혼잣말처럼 중얼거렸어요.

"긴꼬리혜성이라도 빨리 왔으면……."

그럴 때마다 정우는 눈물을 감추면서 할아버지를 위로했어요.

"할아버지, 꼭 나으실 거예요. 이제 곧 긴꼬리혜성이 오니까요."

할아버지는 자신이 열 살 때 본 긴꼬리혜성 이야기를 자주 해주셨어요. 그 때 혜성은 할아버지와 친구가 되자고 하면서 예순 해 뒤에 다시 만나자고 했다는 거예요. 그러면서, 자기가 지구 옆을 지나갈 때 한 가지 소원을 말하면 들어준다고 했다는 거예요.

올해는 할아버지가 긴꼬리혜성을 만난 지 꼭 예순 해가 되는 해래요. 그렇지만 아직 긴꼬리혜성이 온다는 소식이 없었어요.

할아버지는 아침마다 정우한테 혜성에 관한 소식을 물었어요. 그렇지만 대답을 듣고는 크게 실망하는 거였어요.

정우는 병원에도 가지 못하고 앓기만 하는 할아버지를 볼 때마다, 가슴이 미어졌어요. 너무 일찍 세상을 떠난 엄마, 아빠가 원망스러울 때가 한두 번이 아니었어요.

그러던 어느 날이었어요.

그날도 정우는 텔레비전 뉴스와 신문 기사를 꼼꼼히 살펴보며, 혜성에 관한 이야기를 찾았어요.

아, 드디어 났어요. 매우 긴 꼬리를 가진 혜성이 화성 옆을 지나 지구로 향하고 있다는 기사였어요. 신문에는 우주선에서 찍은 긴꼬리혜성의 사진도 실려 있었어요.

"얼마나 더 기다려야, 지구 옆까지 온다는 게냐?"

할아버지는 정우가 읽어 주는 신문 기사를 듣고는, 어느새 얼굴에 잔잔한 웃음이 흐르고 있었어요.

"한 달만 있으면 긴 꼬리를 가진 혜성이 지구 옆을 지나갈 거래요."

하루가 지나고 열흘이 지났어요. 할아버지도, 정우도 초조한 마음으로 혜성을 기다렸어요. 정우는 제발 할아버지의 병이 낫게 해달라고 빌고 또 빌었어요.

이제 며칠만 있으면 긴꼬리혜성이 보일 거예요.

"혜성님! 빨리 오세요. 빨리 오셔서 우리 할아버지를 살려 주세요. 저는 엄마, 아빠 없이 할아버지하고만 사는 아이예요. 할아버지는 저를 키우느라고 고생을 너무 하셨어요. 지금 누워 계신 것도 다 저 때문이에요. 제발 우리 할아버지 병을 낫게 해주세요!"

어느새, 정우의 뺨에는 주르륵 눈물이 흘러내리고 있었어요.

시커먼 얼음 덩어리로 된 별, 혜성

혜성은 태양계에서 가장 먼 명왕성의 바깥쪽에서 만들어집니다. 명왕성의 바깥쪽은 상상할 수 없을 만큼 춥고 캄캄한 곳입니다. 그 곳에는 가스와 먼지 구름이 매우 차갑고 적절한 상태로 군데군데 떠 있습니다. 그러다가 서로 뭉 치면서 시커먼 얼음 덩어리가 되는데, 이것이 바로 혜성이랍니다.

혜성

혜성에는 왜 꼬리가 생길까요?

혜성은 태양계를 계란 모양의 타원형으로 돌고 있습니다. 그러다가 태양을 향해 다가오기 시작하면 꼬리가 생깁니다. 이 꼬리는 태양과 가까워질수록 길어집니다. 꼬리는 태양에서 불어오는 뜨거운 바람 때문에 생깁니다. 그 뜨거운 바람이 얼어 있는 혜성을 녹여서 많은 먼지를 날립니다. 태양에 가까워질수록 먼지가 더 많이 날리니까 꼬리도 물론 길어지겠지요?

혜성의 꼬리

혜성의 이름은 어떻게 붙여질까요?

혜성의 이름은 그 혜성을 가장 먼저 발견한 사람의 이름을 따서 짓습니다. 혜성이 처음 이름이 붙여진 것은 1758년에 핼리라는 영국 사람이 혜성을 발견했는데, 그 혜성의 이름이 바로 핼리 혜성입니다.

가장 최근에 발견된 혜성은 1997년에 지구 옆을 지나간 헤일 밥 혜성입니다.

핼리 혜성

공짜로 구경할 수 있는 동물원은 없을까요?

자, 지금부터 소개할 테니까, 잘 보아두세요.

그런데 이 동물원은 밤에만 구경할 수 있으니까, 밤에 잠자면 안 되겠지요?

밤이 되었다고요? 그러면 밖으로 나와 천천히 머리를 뒤로 젖혀 밤하늘을 올려다보세요. 하늘에 가득 별밖에 보이지 않는다고요?

밤하늘에는 수많은 별이 있어요. 옛날 사람들은 이렇게 많은 별 중에서 특징이 있는 별들을 서로 연결하여 여러 가지 이름을 붙였어요.

그 중에서도 우리의 눈길을 끄는 것은 동물의 이름이 붙은 별자리일 거예요. 큰곰, 작은곰, 사자, 봉황, 돌고래, 독수리, 백조, 사냥개, 전갈 같은 별자리 말이에요. 과연 하늘의 동물원이라고 할 만하지요?

밤하늘에 펼쳐진 동물원

7. 생명이 사는 행성, 지구

지구를 떠나고 싶어요

어느 날, 호랑이와 사자가 사람들을 찾아와 말했어요.

"저희 동물들은 지구를 떠나기로 했어요. 저희를 다른 행성으로 보내 주세요."

사람들은 깜짝 놀랐어요. 동물들이 지구를 떠나겠다니 도대체 무슨 까닭일까요?

"왜 그러니? 너희들한테 무슨 일이라도 생겼니?"

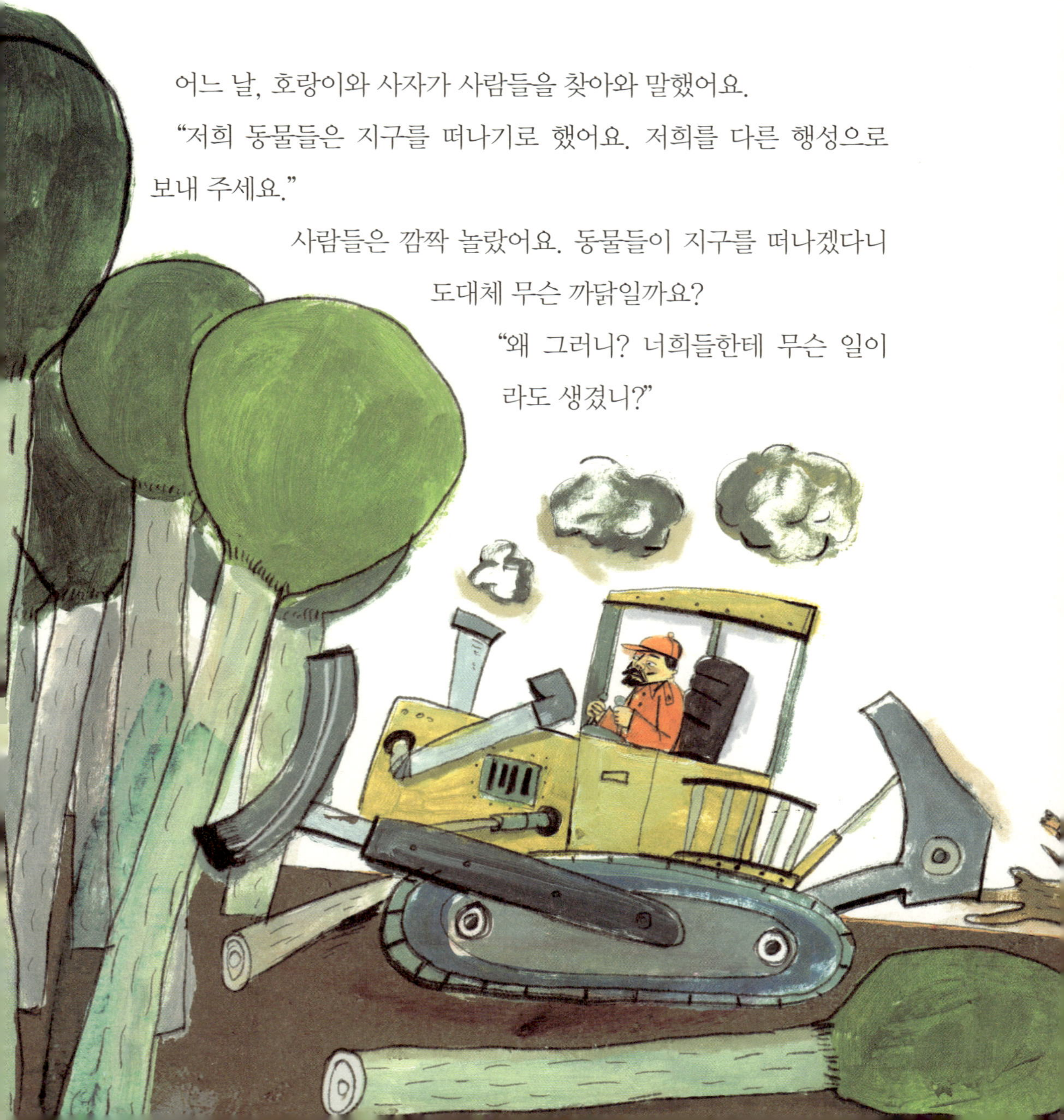

호랑이가 답답하다는 듯이 가슴을 치며 말했어요.

"저희는 이제 사람들과 살고 싶지 않아요. 사람한테는 지구가 천국일지 몰라도, 저희 동물한테는 지옥이라고요. 지구가 어디 사람들만의 것인가요?"

사자도 잔뜩 화가 난 목소리로 말했어요.

"사람들이 저희가 사는 숲과 풀밭을 마구 없애고, 저희 동물을 마구 잡아 죽이잖아요. 그래서 저희는 지구를 떠나 사람이 없는 곳으로 갈 거라고요."

사람들은 농사를 짓고 마을과 공장을 지으려고 숲과 풀밭을 마구 없애 버렸어요. 그것뿐만이 아니에요. 사람들이 동물을 함부로 죽이는 바람에, 동물들은 너무 무섭고 불안했어요.

이 때, 동물들의 말을 듣던 한 할아버지가 나서며 말했어요.

"그래, 미안하구나! 그동안 너희를 너무 함부로 대했지? 앞으로는 너희와 사이좋게 지내도록 할게."

그러자 호랑이는 믿을 수 없다는 듯이 말했어요.

"사람들은 무슨 일만 생기면 우리 동물을 보호하겠다고 말해요. 그런데 지금까지 한 번도 약속을 지키지 않았잖아요."

할아버지는 가슴이 뜨끔했어요. 사람들은 무슨 일만 생기면 동물

들한테 거짓말을 했거든요.

"그러면 너희는 어디로 가려는 건데?"

"저희는 어디가 좋은지 몰라요. 사람들은 우주선을 타고 다른 별에 다녀와서 알잖아요. 생명이 살 수 있는 별로 저희를 보내주세요."

그러자 한 지혜로운 사람이 손을 저으며 말했어요.

"사람들이 우주선을 타고 화성까지 갔다 왔지만, 화성에는 아무것도 살 수 없단다. 물도 없고 공기도 없고 또 얼마나 추운데……."

호랑이와 사자는 얼굴이 굳어졌어요. 다른 동물들한테 오늘은 꼭 다른 행성으로 보내준다는 약속을 받아오기로 했거든요.

그 때, 사자가 나서며 말했어요.

"그럼 사람들이 만든 우주선을 주세요. 저희가 직접 찾아볼게요."

그러자 사람들이 말렸어요.

"소용없는 일이야. 별이 얼마나 멀리 있는데……. 얼마 가지 못해서 우주선 안에서 늙어 죽고 말걸."

호랑이와 사자는 시무룩한 표정으로 땅바닥만 쳐다보았어요.

그런 호랑이와 사자를 바라보던 지혜로운 사람이 말했어요.

"너희에게 정말 잘못했다. 우리 함께 지구에서 행복하게 살 수 있는 방법을 찾아 보자꾸나. 그리고 앞으로는 절대로 너희를 해치지 않을게, 꼭 약속하마!"

호랑이와 사자는 비로소 고개를 끄덕이며 숲 속으로 돌아갔어요.

지구와 비슷한 별이 또 있을까요?

우리는 우주 어딘가에 지구와 비슷한 별이 또 있을 거라고 믿고 있습니다. 그래서 그런 별을 찾으려고 노력해 왔지만, 아직까지 찾지 못했습니다. 생명이 살 수 있는 별은 지구 말고는 아직 없습니다. 그렇지만 우주에 있는 수많은 별 가운데에는 우리의 태양과 크기도 비슷하고, 내뿜는 빛과 열도 비슷한 별이 있을 것입니다. 그 별도 태양과 알맞은 거리에 떨어져 지구와 비슷한 환경에 있다면, 지구처럼 생물이 있을 수도 있겠지요?

달에서 본 지구

생물이 살 수 있는 또 다른 별을 찾는 까닭은 무엇일까요?

사람들은 옛날부터 우주 어딘가에 지구처럼 생명체가 있을 거라고 상상해 왔습니다. 그리고 그런 상상은 과학이 발달한 오늘에 와서 우주선을 보내 직접 생명체를 찾아보려는 노력으로 이어지고 있습니다.

그러면 우리는 왜 또 다른 생명체를 찾는 것일까요?

그것은 우리가 사는 지구가 앞으로 어떻게 될지 아무도 모르기 때문입니다. 만일 생명체가 있는 별을 찾게 된다면, 지구의 환경이 몹시 나빠질 경우에 그곳으로 갈 수도 있을 것입니다.

생활 속에서 발견하는 우주의 질서

옛날 사람들은 태양, 별, 달을 보면서 우주에도 질서가 있다는 것을 알았습니다.

그 중에서도 태양이 떠 있는 시간이 계절마다 바뀌는 것을 따져서 만든 24절기를 꼽을 수 있습니다. 24절기를 크게 네 가지로 나눈 것이 춘분, 하지, 추분, 동지입니다.

봄의 춘분과 가을의 추분은 밤과 낮의 길이가 같습니다. 하지는 1년 중 낮이 가장 긴 날이고, 동지는 밤이 가장 긴 날입니다. 춘분이 지나면 낮이 차츰 길어지고 날씨도 더워지지요. 거꾸로 추분이 지나면 밤이 차츰 길어지고 날씨도 추워집니다. 이러한 일은 해마다 똑같이 일어납니다.

그 까닭은 지구가 태양 주위를 언제나 어김없이 똑같은 길로 돌기 때문입니다.

　입춘, 입하, 입추, 입동은 계절의 시작을 알리는 절기입니다. 1년 중 가장 추운 때임을 알리는 소한과 대한, 가장 더운 때임을 알리는 소서와 대서 등도 24절기에 듭니다.

4계절

8. 유성과 운석

별똥별 형제의 이별

별똥별 형제가 우주를 여행하고 있었어요. 그런데 형 별똥별은 동생 별똥별 때문에 늘 가슴을 졸여야 했어요. 동생 별똥별은 언제나 자기 멋대로였거든요.

불을 내뿜는 별한테는 얼씬도 하지 말라고 그렇게 타일렀는데도, 동생은 듣지 않았어요. 불을 내뿜는 별만 보면 언제나 쪼르르 달려갔으니까요.

그러면 형은 얼른 달려가서 동생을 붙들고는 했어요. 까딱 잘못했다가는 별한테 잡혀 홀랑 타버리고 아무것도 남지 않게 되거든요.

어느 날, 형제는 목성 옆을 지나게 되었어요. 동생은 목성 쪽으로 다가가며 말했어요.

"형, 저 별은 뜨거운 불을 내뿜지 않으니까, 가까이 가도 되지?"

형은 그 말에 깜짝 놀라며 동생을 말렸어요.

"안 돼. 저 행성에 부딪쳐도 죽는단 말이야. 제발, 형 말 좀 들어!"

형은 겨우 동생을 말릴 수 있었어요.

얼마를 더 가자 매우 아름다운 행성이 나타났어요. 온통 파란 빛
깔에다가 띄엄띄엄 하얀 구름이 맴도는 그 별의 모습은 무척 아름다
웠어요. 그별은 바로 지구였어요.

"우와, 무척 아름다운걸!"

형은 지구를 정신없이 바라보았어요. 그러다가 문득 정신을 차린
형은 깜짝 놀랐어요. 또 동생이 없어진 거예요.

'혹시?'

형은 지구 쪽을 바라보았어요. 저 멀리 지구를 향해 날아가고 있

는 동생이 보였어요. 형이 놀란 목소리로 동생을 불렀지만, 동생은 뒤도 돌아보지 않고 달려가는 게 아니겠어요.

"안 돼! 거기 서. 지구와 부딪혀도 죽는단 말이야."

"싫어! 난 꼭 지구를 구경할 거야. 그리고 난 죽지 않아. 이렇게 아름다운 별이 왜 날 죽이겠어?"

그러는 사이에 형제는 그만 지구의 대기권 속으로 들어서고 말았어요. 지구는 엄청난 힘으로 별똥별 형제를 끌어당기기 시작했어요.

"아악! 형, 뜨거워! 나 좀 살려줘!"

놀랍게도 동생의 몸에는 시뻘건 불이 붙어 있었어요. 뒤이어 형의 몸에서도 불길이 치솟았어요. 엄청난 속도로 땅에 떨어지는 사이에 공기와의 마찰로 열이 생겨, 불이 붙고 만 것이었어요.

"으아악!"

형 별똥별은 그만 정신을 잃고 모래로 뒤덮인 사막에 떨어졌어요. 한참 만에 정신을 차린 형 별똥별은 동생 별똥별부터 찾았어요. 그렇지만 동생 별똥별은 보이지 않았어요. 덩치가 작은 동생 별똥별은 먼지만 남긴 채 세상에서 완전히 사라져 버린 거예요.

"조금만 조심했더라면, 동생을 살릴 수 있었을 텐데……."

형 별똥별은 엉엉 울면서 소리쳤어요. 그러다가 이상한 느낌이 들어 자신의 몸을 살펴보고는 깜짝 놀랐어요. 집채만 하던 커다란 몸뚱이가 불에 타는 바람에 무척이나 작아져 있었거든요.

형 별똥별은 이제 아무 곳도 여행할 수 없게 되었어요. 맑고 고요한 밤이 찾아오면, 동생을 생각하면서 눈물을 흘렸습니다.

별똥별은 왜 땅에 떨어지는 것일까요?

별똥별이 지구의 대기권으로 들어서면, 공기와의 마찰로 매우 빠르게 타고 없어집니다. 지구에는 이런 별똥별이 하루에도 수백 개씩 떨어지는데, 대부분 공기 중에 타서 없어집니다.

그런데 어쩌다가 땅에 떨어지는 것도 있답니다. 이런 별똥별들은 공중에서 다 타지 않고 찌꺼기가 남아 땅에 떨어지는 것입니다.

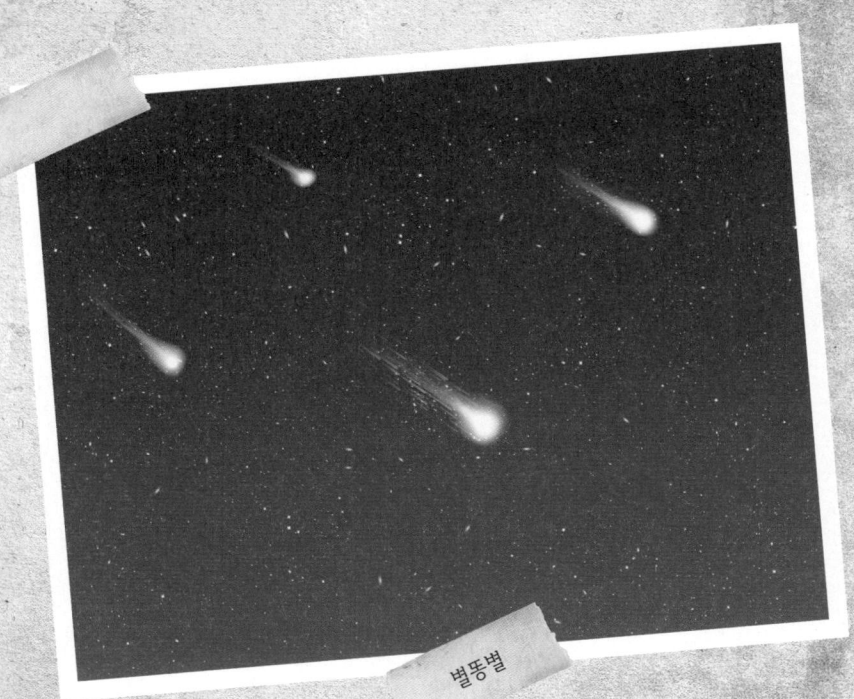

별똥별

별똥별은 어떻게 생길까요?

우주 공간에는 수많은 먼지가 떠 있습니다. 이 먼지들은 잡아당기는 힘이 센 별이 그 옆을 지나가면, 별 속으로 빨려 들어옵니다. 지구로 떨어지는 별똥별들도 마찬가지입니다.

사람들은 별똥별을 우주의 먼지로 부르지만, 사실 별똥별은 대단히 큽니다. 어떤 별똥별은 타고 남은 것인데도 땅에 거대한 구덩이를 만들기도 하니까요.

별똥별은 왜 꼬리가 생기는 것일까요?

별똥별은 1초에 70km의 속도로 지구에 떨어집니다. 이 때, 별똥별은 공기와 마찰을 일으키며 불이 붙습니다. 이렇게 불이 붙으면, 떨어지는 속도 때문에 별똥별의 뒤쪽에 긴 꼬리가 생깁니다.

대보름날, 깡통 돌리기를 해본 친구들은 알 거예요. 빠르게 돌릴수록 불꼬리가 길어지지 않던가요?

공룡이 사라진 건 혜성 때문이래요.

밝은 꼬리를 달고 하늘을 가로지르는 혜성이나 별똥별은 보기에 참 근사합니다. 그렇지만 과연 그렇게 멋있기만 한 것일까요? 그 멋진 혜성이 만일 지구와 부딪친다면, 우리 지구는 어떻게 될까요?

미국에 있는 한 사막에 별똥별이 떨어져 생긴 커다란 구덩이가 있습니다.

지름이 몇km밖에 되지 않는 별똥별이 떨어져 생긴 구덩이입니다. 이 때, 거대한 폭발이 일어나면서 땅이 갈라지고 화산이 폭발했습니다.

그러나 그것보다 더 무서운 것은 별똥별이 떨어졌을 때 생긴 먼지와 연기가 하늘을 뒤덮어 햇빛을 가린 일입니다. 그 바람에 많은 생물이 햇빛을 받지 못해 얼어 죽고 말았습니다.

또 6000만 년 전에 지구가 혜성에 충돌한 적이 있었습니다. 그 바람에 그 때까지 지구를 누비던 공룡이 대부분 죽어버렸다고 합니다.

멸종된 공룡

달이 변덕쟁이인 이유

하루는 태양이 더 이상 못 참겠다는 듯이 달에게 심술을 부렸어요.

"넌 어쩌면 그렇게 변덕쟁이니? 나처럼 느긋하지 못하고 왜 날마다 모양을 바꾸느냔 말이야. 어떤 때는 눈썹 같은 초승달이었다가 금방 아기 손톱 같은 반달로 바뀌느냐고? 그리고 엊그제는 뭘 보여 줄 게 있다고 빈대떡처럼 널찍한 보름달이 되냔 말이야. 그 정도면 좋게? 보름달이면 사람들이 넓적하다고 흉볼까 봐 또 다이어트를 하잖니? 다시 반달이 되고, 초승달이 되고. 아무튼 잠시도 가만히 있지를 않는다니까."

태양은 심술이 덕지덕지 붙은 얼굴로 달한테 쏘아 붙였어요.

그렇지만 달은 늘 그렇듯이 그저 환하게 웃을 뿐, 조금도 싫은 표정을 짓지 않았어요.

"해야! 난 변덕쟁이도 멋쟁이도 아니야. 모양을 바꾸지도 않고 말이야."

"아니긴 뭐가 아니야? 하루도 같은 모습일 때가 없잖아. 도대체 어

떤 게 진짜 네
모습이니?"

달은 다시 한 번 방긋 웃었어요.

"내 진짜 모습은 보름달이야. 나도 너
처럼 동그랗게 생겼거든. 모양이 달라 보이는
건 네 덕분이야."

"뭐? 나 때문이라고?"

태양은 눈이 동그래졌어요.

"그래. 난 네가 비추는 쪽 모습만 보이거든. 지구가 너를 도는 것
처럼, 나도 지구를 돈단다. 내가 움직이기 때문에 네가 나를 비추는
곳이 달라져서 모양이 달라 보이는 거야. 너와 내가 같은 방향에 있
으면 지구에서는 내가 보이지 않아. 그렇다고 내가 없어진 건 아니
야. 지구가 깜깜한 내 뒷모습을 보고 있기 때문에 내가 없어진 것처

럼 보일 뿐이지. 그 때의 내 모습을 그믐달이라고 해. 그런데 거꾸로 우리 둘 사이에 지구가 들어오면 네가 나를 비추는 부분이 지구에서 다 보이거든. 그 때의 나를 보름달이라고 한단다."

달의 말을 듣고 태양이 고개를 끄덕거렸어요.

"그러니까 내 빛을 받는 쪽만 밝게 보이기 때문에, 네가 움직일 때마다 지구에서 보면 모양이 달라진다는 거지?"

"그렇지. 나 혼자서는 빛을 내지 못해. 네 빛을 받아서 내가 환하게 보이는 거라구. 그런데 사람들은 나를 보고 달이 참 밝다고 말하거든. 그게 다 네 덕분인데 말이야."

태양은 달이 칭찬을 해 주자, 어깨를 으쓱해 보였어요.

"난 네가 늘 고마워. 네 덕분에 나는 멋쟁이도 될 수 있고, 환하게 빛날 수도 있으니까 말이야."

"그런데 달아! 넌 나를 좋아한다면서 내가 있을 때는 왜 숨어 버리니? 넌 꼭 내가 지고 나면 나타나잖아."

태양은 섭섭하다는 듯이 입을 삐죽거리며 말했어요.

그러자 달은 머리를 절레절레 저으며 말했어요.

"아니야. 그렇지 않아! 나는 낮에도 하늘에 떠 있단다. 네 빛이 너무 강해서 내 모습이 안 보이는 거야. 하지만 좀 더 자세히 하늘을 살펴보면 어렵지 않게 나를 찾을 수가 있어."

태양은 그동안 괜히 달을 미워했던 자신이 부끄러웠어요.

달의 1년은 27일, 달의 하루도 지구시간으로 27일

지구의 1년은 365일입니다. 곧, 지구는 365일에 한 번씩 태양의 둘레를 도는 것입니다. 그런데 달은 27일에 한 번씩 지구의 둘레를 돌고 있습니다. 그러니까 달의 1년은 27일인 셈이지요. 그런데 이상한 것은 지구의 하루는 24시간인 데에 견주어, 달의 하루는 27일이라는 거예요. 그러니까 달은 지구보다 작지만, 훨씬 느리게 자전을 하고 있는 것입니다.

달의 크기와 지구와 달까지의 거리는 얼마나 될까요?

달은 지구의 4분의 1 정도의 크기랍니다. 달을 네 개 합치면 지구의 크기가 된다는 뜻입니다. 또, 달은 지구에서 그 어떤 별보다 가깝습니다. 지구 서른 개를 나란히 늘어놓으면 달과 닿을 수 있는 거리에 있습니다.

> 지구에서
> 달까지의 거리는
> 384,000km로
> 100km 자동차로 달리면
> 173년이나 걸린대요.

달은 어떻게 생겨났을까요?

달은 지구에서 떨어져 나갔다는 말도 있고 우주의 가스나 먼지가 뭉쳐져서 만들어졌다고도 합니다. 요즘에는 다른 행성이나 혜성이 서로 부딪쳐서 생긴 조각 들이 뭉쳐져서 만들어졌다는 주장도 있습니다. 이 조각들은 다시 지구와 부딪쳤는데, 그 바람에 더 잘게 부서진 조각들이 지구 옆에서 뭉쳐져 만들어 졌다는 것입니다.

달의 표면

아폴로 우주선에서 찍은 달의 표면이에요. 마치 곰보 같지요? 이게 다 별똥별과 부딪쳐서 생긴 자국이에요.

하늘에는 달이 하나만 있을까요?

지구를 27일에 한 바퀴씩 도는 달이 위성입니다. 즉, 위성은 행성의 주위를 도는 별이지요.

그런데 태양계에는 지구의 둘레를 도는 달 말고도, 다른 행성에도 달이 있답니다. 달 같은 위성이 있는 행성으로는 화성, 목성, 토성, 천왕성, 해왕성, 명왕성을 들 수 있어요.

목성이나 토성에는 여러 개의 위성이 있습니다.

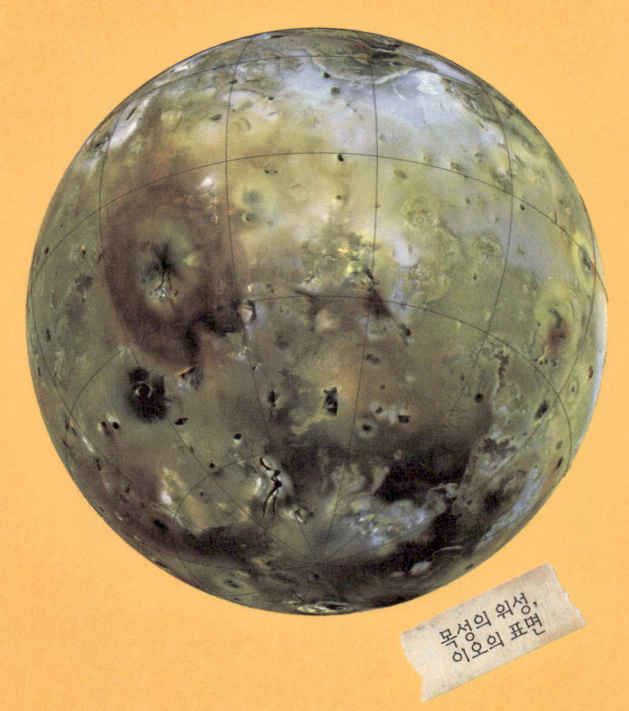

목성의 위성, 이오의 표면

10. 일식과 월식

금성의 충고

　태양과 지구와 달이 친구가 되었어요. 세 친구는 누가 보아도 부러워할 만큼 사이가 좋았어요.

　다른 행성들은 친하게 지내는 태양과 지구와 달이 부럽기도 하고 샘이 나기도 했어요. 그런데 금성만은 그 세 친구를 거들떠보지도 않았어요.

　"두고 봐! 지금은 친해 보이지만 오래가지 못할 거야. 금방 서로 다툴걸."

　그런데 얼마 뒤, 정말로 세 친구가 옥신각신 다투는 일이 벌어졌어요. 지구가 달에게 몹시 화를 내는 소리가 들렸어요.

　"너 빨리 안 비켜? 왜 태양을 가리니? 너만 태양하고 친하게 지내려는 거지?"

　그러자 태양은 달한테 화를 내는 지구에게 화를 냈어요.

　"너 왜 그래? 달이 뭘 잘못했다고 그러는 거니?"

　"달이 너를 가려서 네가 다 보이지 않는단 말야."

　그러자 태양은 지구한테 어처구니없다는 듯이 말했어요.

　"뭘 그런 걸 가지고 그러니? 달이 너를 얼마나 가렸다고, 내가 보

기에는 조금밖에 가리지 않았는데."

　달은 어리둥절했어요. 달은 늘 하던 대로 지구의 주위를 돌고 있었을 뿐이거든요.

　그 때, 셋이 다투는 것을 보고 금성이 끼어들었어요.

　"그만들 하라고. 난 너희가 그럴 줄 알았다니까."

　그러자 지구가 금성한테 쏘아 붙였어요.

　"네가 뭔데 남의 일에 끼어드는 거니? 넌 참견하지 마."

　금성은 그런 지구를 힐끔 쳐다보더니 말했어요.

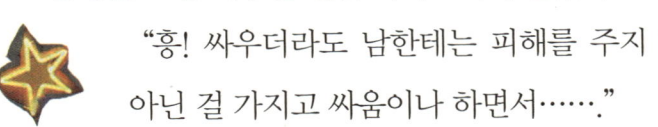

　　　"흥! 싸우더라도 남한테는 피해를 주지 말아야지. 별것도

　　　아닌 걸 가지고 싸움이나 하면서……."

　"뭐라고? 너 말 다했어?"

　지구가 금성한테 눈을 부라렸어요. 그렇지만 금성은 까딱도 하지

않고 말했어요.

"지구야! 달은 잘못한게 하나도 없어. 너는 1년에 한 번씩 태양 주위를 돌고, 달은 27일에 한 번씩 네 주위를 돌잖아. 달은 또 너를 따라 태양의 주위도 돌고 있어. 그렇게 너희가 태양의 주위를 돌다가 달이 태양과 지구 사이로 들어왔을 때, 한 줄로 똑바로 늘어설 때가 있어. 태양, 달, 지구 순서로 말이야. 그럼 어떻게 되겠니?"

"그거야 달이 나를 가리겠지. 그러면 낮인 쪽도 어두워질 테고."

"그걸 바로 일식이라고 하는 거야. 이제 알겠지? 네가 얼마나 속이 좁은지?"

지구는 갑자기 할 말이 없었어요. 금성이 한마디 덧붙였어요.

"넌 달한테 나쁜 짓을 할 때가 있어."

"뭐라고? 내가 언제 달한테 나쁜 짓을 했니?"

"너도 태양을 가려서 달이 햇빛을 보지 못하게 할 때가 있어. 달이 네 바깥쪽을 돌 때에 태양, 지구, 달이 한 줄로 늘어서는 때가 있거든. 그게 바로 월식이라고."

금성의 말이 끝나자, 지구의 어둡던 부분이 다시 환해지기 시작했어요. 달이 태양과 지구사이에서 비켜선 거예요.

"서로에 대해 잘 모르고, 또 이해해 주지 않으면서 친구는 무슨 친구니? 그리고 너희끼리만 친하면 뭐하니? 태양계에는 너희만 사는 게 아니잖아."

금성이 마지막 충고를 남긴 채 '쌩' 하고 사라져 버렸어요.

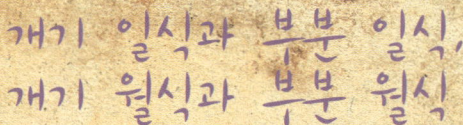

개기 일식과 부분 일식, 개기 월식과 부분 월식

낮에 달이 해를 가려서 어두워지는 현상을 일식이라고 합니다. 이 때, 달이 해를 완전히 가려서 해가 보이지 않는 현상을 개기 일식이라고 합니다. 그런데 해가 귀퉁이만 조금 가려지는 일이 있습니다. 이 현상을 부분일식이라고 하는데, 개기 일식이 일어나기 전과 뒤에 나타납니다.

월식은 해와 달 사이에 지구가 들어가서 달을 가리는 현상입니다. 개기 월식과 부분 월식은 개기 일식이나 부분 일식과 같은 방식으로 일어납니다.

개기 일식

> 태양이 달에 완전히 가려 있어요.

> 달이 지구에 조금 가려 있어요.

부분 월식

달은 지구에 어떤 영향을 끼칠까요?

달은 지구가 끌어당기는 힘 때문에 늘 지구 가까이에 있습니다. 만일 지구가 끌어당기지 않는다면, 달은 우주 공간 속으로 날아가 버릴 것입니다. 그런데, 달도 지구를 끌어당기고 있습니다. 바로 이 힘 때문에 지구에서는 밀물과 썰물 현상이 일어납니다.

달은 또 햇빛을 지구로 반사시켜서 밤에도 어둡지 않게 해줍니다. 그뿐만이 아닙니다. 우리나라를 비롯한 동양에서 발달한 태음력이라는 달력은 달의 모습이 일정한 시간에 맞추어 변하는 것을 보고 만든 것입니다.

육지 속에 갇힌 바다

바다는 대부분 하나로 이어져 있지만, 사방이 육지로 둘러 싸이거나 좁은 부분만 다른 바다와 이어진 바다도 있습니다. 이런 바다를 지중해라고 합니다.

지중해는 땅의 움직임 때문에 생겼습니다. 대륙이 이동하거나 바다 밑에 있던 땅이 솟아오르면서 사방을 막아 버리면, 바닷물은 낮은 곳에만 고이면서 지중해가 되는 것입니다.

좁은 부분만 다른 바다와 닿아 있는 바다로는 아프리카와 유럽 사이에 대서양과 이어진 지중해를 들 수 있습니다. 또 우크라이나 남쪽에서 지중해와 닿아 있는 흑해도 지중해입니다. 중앙아시아에 있는 카스피 해와 아랄 해는 사방이 육지로 둘러싸인 지중해랍니다.

그렇지만 사방이 막힌 물 중에서도 바다라는 말이 붙으려면 물에 소금이 많이 섞여 있어야 합니다. 바닷물은 당연히 짠맛이 나겠지요? 짠맛이 없는 넓은 물은 그냥 호수라고 합니다.

태양력(양력)과 태음력(음력)

인간이 달력을 만들어 쓰는 가장 큰 이유는 계절의 변화를 알기 위해서예요. 계절의 변화를 알아야 농사도 짓고, 각 계절을 미리 대비할 수도 있기 때문이지요. 집에 걸려있는 달력을 유심히 살펴볼까요?

태양력(양력)

1년을 12달로 나누고, 큰달(31일)과 작은달(30일)로 만들어 놓은 달력이 우리가 쓰고 있는 '태양력'이에요.
로마 황제였던 아우구스투스는 자신의 생일이 있는 8월이 30일인 것이 못마땅해서 2월에 있는 하루를 빼앗아 왔대요. 그래서 2월은 다른 달에 비해 짧아지게 되었답니다.

태음력(음력)

태음력은 태양력과는 달리 달이 차고 기우는 것을 활용해 만든 달력이에요. 달의 모양이 변하는 것을 반영한 달력이라서 태양력에 비해 계절의 변화와 일치하지 않는다는 단점이 있어요. 그렇지만 어른들은 이 음력 날짜로 중요한 날을 결정하기도 한답니다.

날개 달린 신발

아주 먼 옛날, 수성에는 '머큐리'라는 신이 살고 있었어. 이곳은 아주 작았지만, 머큐리 혼자 살기에는 아주 넉넉해서 궁전이나 다름없었지. 그때는 넘실거리는 물도 많고, 공기도 깨끗하고, 햇볕도 따뜻해서 정말 살기 좋은 곳이었어.

그런데 머큐리에게는 가장 아끼는 보물이 하나 있었어. 그건 바로 '날개 달린 신발'이야. 이걸 신으면 어찌나 빨리 달리는지 아무도 따라올 자가 없었어. 우주를 빙빙 돌아도 낮잠을 잘 만큼 빨리 달린 거야.

그뿐만이 아니었어. 그걸 신고 온갖 장난을 해대는 통에 신들 사이에선 정말 골칫거리였어. 낮잠 자는 제우스신의 콧수염을 뽑아가거나 다른 신 턱수염에 불을 붙여 하마터면 화상을 입을 뻔했지 뭐야. 그렇지만 무슨 짓을 하든 그 신만 신고 달아나면 아무도 머큐리를 잡을 수 없었어. 그러다 보니 기세등등해져서 하늘 높은 줄 모르고 콧대가 높아졌지 뭐야.

"으하하하, 이 세상에 나를 따라올 자가 또 있겠어? 어디 있으면 나와 보라고 해."

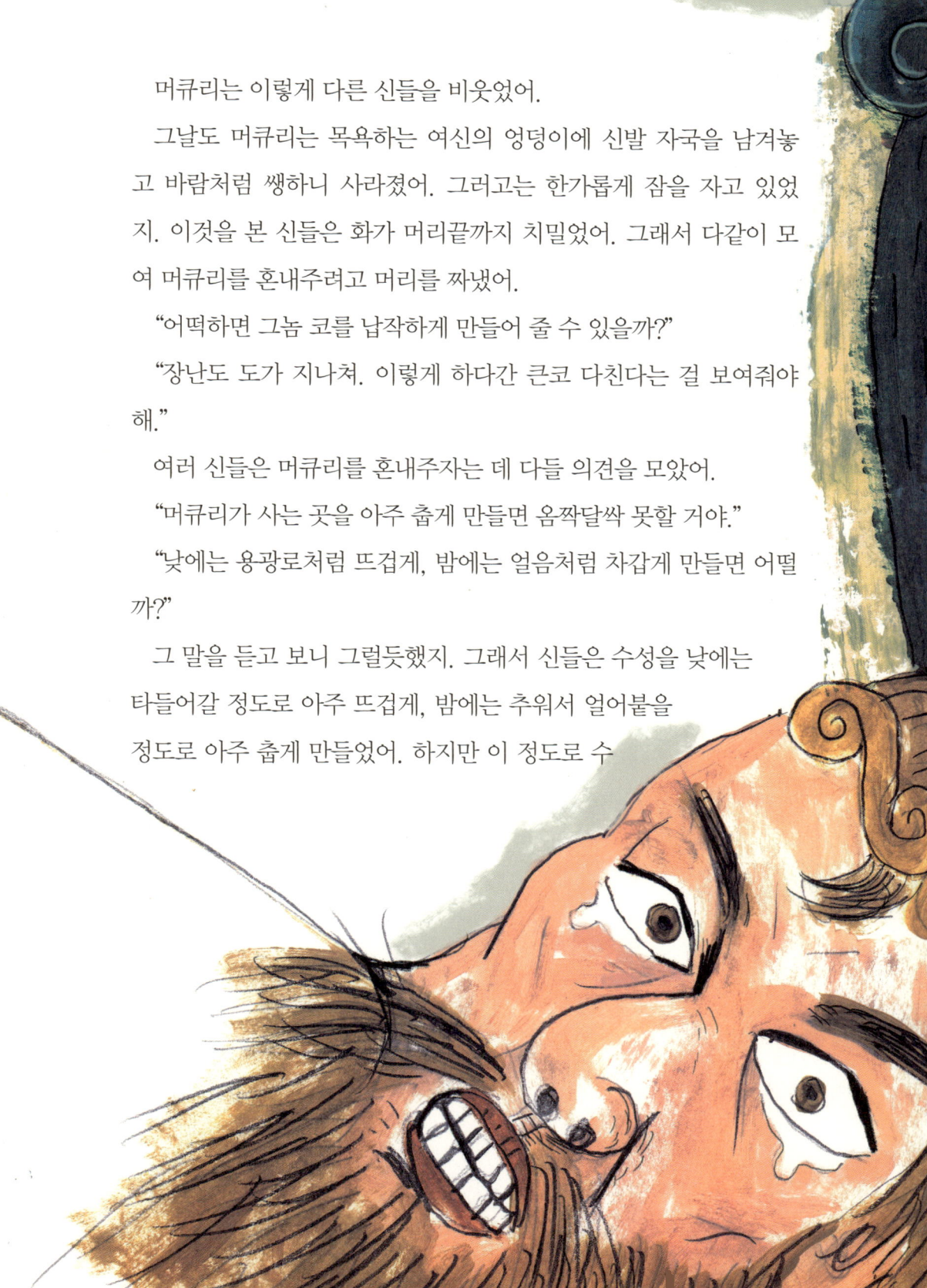

머큐리는 이렇게 다른 신들을 비웃었어.

그날도 머큐리는 목욕하는 여신의 엉덩이에 신발 자국을 남겨놓고 바람처럼 쌩하니 사라졌어. 그러고는 한가롭게 잠을 자고 있었지. 이것을 본 신들은 화가 머리끝까지 치밀었어. 그래서 다같이 모여 머큐리를 혼내주려고 머리를 짜냈어.

"어떡하면 그놈 코를 납작하게 만들어 줄 수 있을까?"

"장난도 도가 지나쳐. 이렇게 하다간 큰코 다친다는 걸 보여줘야 해."

여러 신들은 머큐리를 혼내주자는 데 다들 의견을 모았어.

"머큐리가 사는 곳을 아주 춥게 만들면 옴짝달싹 못할 거야."

"낮에는 용광로처럼 뜨겁게, 밤에는 얼음처럼 차갑게 만들면 어떨까?"

그 말을 듣고 보니 그럴듯했지. 그래서 신들은 수성을 낮에는 타들어갈 정도로 아주 뜨겁게, 밤에는 추워서 얼어붙을 정도로 아주 춥게 만들었어. 하지만 이 정도로 수

그러들 머큐리가 아니었기에 더 많은 꾀가 필요했지.

"머큐리 눈이 빙빙 돌 정도로 태양 주위를 빨리 돌게 만들면 어떨까?"

"또 태양이 그 녀석을 날리도록 폭풍을 보내는 거야. 그러면 혼쭐날걸?"

신들은 머큐리를 혼내주는 데 자신들이 가진 재주를 하나씩 쓰기로 했지.

다음날, 잠에서 깬 머큐리는 이상한 기분이 들었어. 분명 날이 밝을 때가 된 것 같은데, 너무 어두컴컴했어. 거기다 온몸이 타들어갈 정도로 뜨거워서 견딜 수 없을 정도였지. 게다가 별이 어찌나 빨리 도는지 어지러워서 정신을 차릴 수 없었어. 엎친 데 덮친 격으로 갑자기 거센 폭풍이 불어 닥쳐서 회오리바람에 집이 날아가 버렸어. 날개달린 신발이 없었다면 살아남지 못했을지도 몰라.

영문을 모르는 머큐리는 어안이 벙벙했어. 다른 별을 향해 날아가다가 수성으로 날아오는 운석에 정면으로 부딪칠 뻔했지 뭐야.

간신히 태양폭풍이 멈추자, 머큐리는 다시 자기 별로 돌아갔어. 그런데 이게 뭐야! 별의 표면은 구멍이 숭숭 뚫려 있고, 아름다운 나무들도 시들어가고 있었어. 바다도 모두 말라붙었고, 그곳에 들어서자 못 견디게 추워서 몸이 얼어붙을 지경이었어.

"으아아아, 이게 뭐야? 내가 살던 아름다운 별이 왜 이렇게 바뀐 거야?"

머큐리는 우주 끝까지 들릴 정도로 크게 비명을 질렀어.

태양 옆집은 수성이야!

　수성은 지구의 5분의 2 정도 되는 작은 별이에요. 그래도 명왕성이나 달보다는 약간 크지요. 수성은 태양과 가장 가까운 별이에요. 태양과 가장 가까이 붙어 있어서 한밤중에는 볼 수 없어요. 태양을 밤에 볼 수 없는 것과 마찬가지지요. 초저녁에 서쪽 하늘이나 새벽에 동쪽 하늘에서 잠깐 볼 수 있어요. 이같은 이유로 수성은 알려진 게 많지 않아요. 수성에 쏟아지는 태양빛은 지구보다 7배나 강해요. 그리고 수성에서 태양을 보면, 지구에서 보는 것보다 2.5배 크게 보이지요. 그게 다 태양과 가깝기 때문이에요.

수성

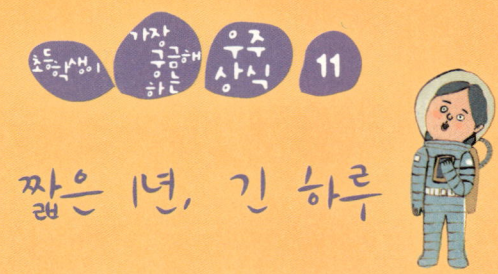

짧은 1년, 긴 하루

지구의 1년, 즉 지구가 태양의 주위를 한 바퀴 도는 데 걸리는 시간은 365일이에요. 그러나 수성의 1년은 88일로, 태양계 행성 중에 태양 주위를 가장 빨리 도는 별이에요. 지구가 한 바퀴 도는데 하루가 걸리지만, 수성은 한 바퀴 도는데 59일이나 걸리지요. 즉, 수성의 하루시간은 지구시간으로 1,416시간인 셈이에요. 빠른 공전을 하면서 자전은 느린 수성, 다시 말해 1년은 짧지만 하루는 엄청 긴 행성이죠.

태양계 행성 이름의 유래

★ 수성(머큐리 Mercury)

지구 공전 궤도 안쪽에서 공전하며 해가 뜨기 2시간 전과 해가 진 후 2시간 사이에만 하늘에 나타나요. 태양의 둘레를 바쁘게 움직이는 전령의 신 이름을 따서 '머큐리'라고 부른답니다.

★ 금성(비너스 Venus)

태양과 달을 빼고 가장 밝게 빛나는 별이에요. 너무나 눈부신 밝음에 미의 여신인 비너스의 이름을 따서 금성을 '비너스'라고 부릅니다.

★ 화성(마르스 Mars)

화성은 철 성분의 먼지들 때문에 붉게 보이는 특징이 있어요. 화성은 옛날부터 붉은 빛깔 때문에 전쟁이나 재앙과 연결해서 생각한 사람들이 많았어요.

그래서 로마 신화에 나오는 전쟁의 신 이름을 따 '마르스'라고 지어졌어요.

★ 목성 (주피터 Jupiter)

목성은 태양계 행성들 중에서 가장 크기가 커요. 그래서 목성의 이름도 신들의 왕으로 불리는 주피터의 이름을 따서 만들었답니다.

★ 토성 (새턴 Saturn)

토성은 태양에서 오는 빛을 반사하여 행성이 황금빛으로 빛나요. 황금빛은 흙의 색깔과 유사하다고 생각하여 농경의 신 새턴의 이름을 따서 지었답니다.

★ 천왕성 (우라누스 Uranus)

1871년에 천왕성이 발견되었을 때, 당시 영국 왕의 이름을 따서 '조지의 별'이라고 지었어요. 그러나 행성의 색이 약간 푸른색을 띠어서 하늘의 신의 이름을 따서 '우라누스'라는 이름으로 새로 지었답니다.

★ 해왕성 (넵튠 Neptune)

해왕성은 바다가 생각나는 시원한 푸른색을 가지고 있어요. 그래서 바다의 신의 이름을 따서 넵튠이라고 지었어요.

쌍둥이 자매의 헛갈린 운명

아주 오랜 옛날, 지구에는 비너스와 자이너스라는 아름다운 쌍둥이 자매가 살고 있었어. 우월을 가리기 힘들 정도로 아름다운 자매지만, 사람들은 누가 더 예쁜지를 놓고 서로 다투곤 했지. 첫째 자이너스는 상냥하고 다정다감한 성격이었지만, 둘째 비너스는 수줍음이 많은데다 자존심이 센 성격이었지.

그러던 어느 날, 나라에서 개최하는 미인대회가 열린다는 공고가 나붙었어. 자이너스와 비너스가 물을 길러 가는데, 사람들이 이렇게 말하는 거야.

"이번에 너희 자매가 안 나간다면 미인대회는 빛을 잃고 말 거야. 우리나라에서 제일 예쁜 여인들 대신 다른 사람이 왕관을 쓴다는 건 말이 안 되잖아?"

"맞아. 두 사람이 안 나간 대회는 빛 좋은 개살구고, 팥 없는 찐빵이지. 이번 미인대회에 꼭 참가할 거지?"

길 건너에 사는 이오 아주머니가 이렇게 물었어요.

"호호호, 이오 아주머니, 그게 무슨 소리예요? 공연히 창피나 당하면 어쩌려고요?"

자이너스가 손사래를 치며 부끄러워했어.

어느 날, 자매의 집으로 마을 이장이 찾아왔어.

"미인대회에 나가달라는 부탁을 하러 찾아왔단다. 우승 상금을 우리 마을에 쓰면 좋잖니? 너희도 알겠지만, 지금 우리 마을 사정이 어렵단다."

자이너스는 고심 끝에 미인대회에 참가하기로 결심했어. 동생 비너스도 대회에 나가겠다고 했지. 언니와는 달리 비너스는 다른 속셈이 있었어. 수줍고 조용하지만, 질투심이 많았던 비너스는 언니가 왕관을 차지하는 꼴을 보기 싫었거든.

이 소식을 들은 마을 사람들은 모두 자기 일처럼 기뻐하며 도움의 손길을 내밀었어. 드레스를 맞춰 오고, 예쁜 리본을 만들어오고…. 자이너스는 기뻐했지만, 비너스는 단번에 거절하곤 했어. 아무도 몰랐던 비너스의 성격이 이번 일로 드러나게 됐고, 사람들은 비너스의 고약한 성미를 뒤에서 비꼬았어.

드디어 대회 날이 밝았어. 자매는 눈부시게 아

름다워 둘 중에 누가 왕관을 차지할 지가 의문이었어. 특히 동생 비너스의 아름다움은 빛이 날 정도라 다들 비너스의 우승을 점쳤지.

모든 일정이 끝나고 마지막 심사만 남겨둔 때였어. 비너스의 아름다운 드레스가 맘에 든 여자아이 하나가 연단으로 올라와 드레스를 만지작거렸지. 비너스의 아름다운 얼굴이 일그러지면서 퉁명스러운 목소리가 튀어나왔어.

"꼬마야, 저리 비켜! 내 드레스가 다 망가진단 말이야!"

대회장은 찬물을 끼얹은 듯 조용해졌어. 비너스 얼굴이 홍당무처럼 새빨개졌지.

"오늘의 미인대회 우승자는 자이너스입니다. 자이너스는 아름다운 외모와 친절한 마음씨를 지녀 여왕의 자리에 오르기에 손색이 없습니다."

화가 머리끝까지 치밀어 오른 비너스는 그 자리에서 기절했어. 간신히 정신이 든 비너스는 부끄러워서 고개를 들 수 없었지. 그래서 금성으로 탈출했어. 그런데 비너스가 금성에 가고 나서 달라진 게 많아. 금성에 가고 나서도 집에서 그랬던 것처럼 늘 언니를 졸졸 따라다니는 거야. 그래서 금성은 지구의 쌍둥이별이라고 불리지. 미인 대회에서 받은 스트레스를 풀길이 없어서 매일 화를 내다보니 금성의 온도는 늘 펄펄 끓어. 하지만 수줍음 타는 성격은 똑같아서 금성은 늘 하얀 구름으로 덮여 있어. 그곳에 살던 생명체들은 비너스의 히스테리를 못 견디고 다른 별나라로 날아가 버려서 금성은 아무도 살지 않는 외톨이별이 된 거래.

반짝반짝 빛나는 샛별

밤하늘에 유난히 반짝반짝 아름답게 빛나는 별이 있어요. 이 별은 바로 금성이에요. 금성은 지구에서 볼 때 태양과 달 다음으로 밝게 빛나는 별이기도 해요. 이 행성은 화려한 겉모습 때문에 이름도 많아요. 샛별, 개밥바라기, 태백성 또는 장경성이라고도 해요. 서양에서는 그리스 신화에 나오는 아름다운 여신 비너스의 이름을 따서 금성을 '비너스'라고 불러요.

금성

금성은 이산화탄소 덩어리

금성은 이산화탄소 덩어리에요. 대기의 95퍼센트가 이산화탄소로 이루어져 있지요. 이 두꺼운 이산화탄소가 금성에서 밖으로 나가려는 열을 모두 막고 있어요. 그래서 금성은 낮이나 밤이나 항상 높은 온도를 유지해 매우 뜨거워요. 태양계 행성 중에서 가장 뜨거운 행성이죠. 그리고 하얀 구름 덩어리들이 금성 주변에 많이 있는데, 이 구름은 황산으로 되어 있어 금성에는 황산비가 종종 내려요.

금성주변
이산화탄소 구름

해가 서쪽에서 뜬다면!

태양계의 다른 행성들과 다르게 금성은 거꾸로 돌아요. 자전방향이 다른 행성의 반대라는 거죠. 금성은 자전주기가 공전주기보다 더 긴 별이에요. 금성이 태양을 한 바퀴 도는데 225일이 걸리지만, 자전하는 데는 243일이 걸려요. 공전과 자전 주기가 크게 차이가 나지 않는 거지요. 금성에서는 해가 서쪽에서 뜨고 동쪽에서 진답니다. 자전주기가 다른 행성들과 반대이기 때문이죠.

금성은 여러가지 이름을 가지고 있어요

서양에서는 금성의 아름다움을 상징하기 위해 그리스 로마신화에 나오는 미와 사랑의 여신 비너스(Venus)의 이름을 따서 지었으며 메소포타미아에서는 금성의 아름다운 빛 때문에 메소포타미아 신화에 나오는 미와 연애를 주관하는 여신의 이름을 따서 이슈타르라고 불린답니다. 이슈타르는 미의 여신이기도 하지만 전투의 여신이기도 해요. 이슈타르의 성격이 아름다운 여성의 이미지뿐만 아니라 싸움을 즐기는 강렬하고, 격렬한 성격도 가지고 있다고 해요.

기독교에서는 금성을 라틴어로 루시퍼(Lucifer)라고 이름 지었어요. 루시퍼의 뜻은 '빛을 가져오는 자'라고 해요.

금성은 흔히 해가 뜨기 전 동쪽 하늘이나 해가 진 후 서쪽 하늘에서 보이는 별로 우리가 '샛별'이라고 부르기 때문에 비슷한 이유에서 붙인 이름인 것 같기도 해요.

불교에서는 최초로 불교를 만든 석가모니가 어느 날 하늘에 금성이 빛나는 것을 보고 진리를 발견했다는 이야기도 전해지고 있답니다.

우는 금성을 상징하는 기호예요.

13. 붉은 행성, 화성

무모한 내기

　태양이 탄생하고 얼마 안 돼서의 일이야. 화성에는 '마르스' 라는 내기를 좋아하는 신이 살고 있었어. 어찌나 내기를 좋아하는지 밥 먹는 것이나 잠자는 것보다 더 내기를 좋아했지. 어느 날, 심심했던 마르스는 지구에 살고 있는 어스신에게 내기를 걸었어.

　"어스, 우리 심심한데 내기나 할까? 누구 능력이 더 좋은지 한번 시험해 보자고!"

　하지만 어스신은 갓 태어난 아기 별 지구를 돌보는 것에 온정신을 쏟고 있던 터라 마르스의 제안이 탐탁지 않았어. 그렇지만 마르스가 하도 조르는 통에 어쩔 수 없이 내기를 하게 됐지.

　"으하하하. 나는 온 세상 물을 다 삼킬 수 있어. 어디 한번 볼래?"

　마르스는 이러면서 자랑하듯이 화성의 물을 단숨에 모두 빨아들였어. 하지만 너무 급히 먹는 통에 사레가 들려 꺽꺽거리다가 물을 모조리 지구

로 쏟아냈어. 그래서 뜨거운 불덩
어리 같던 지구의 열기가 엄청난 바닷
물로 모두 식고, 지구에는 커다란 바
다가 여러 군데 생기게 됐지. 하
지만 화성의 바닷물은 모두
말라붙었단다. 성미가 급한
마르스는 이 같은 일
은 꿈에도
생각지 못
했지.

'이야, 이
거 괜찮은데? 그러잖아도 지
구를 식히는 데 골머리를 앓았는데,
마르스 덕에 한방에 해결됐지 뭐야.'

어스신은 마르스를 부추겨서 지구
에 필요한 것을 얻어내야겠다고 생각
했어.

"마르스는 역시 최고의 신이야! 그런데 자네는 바닷물은 잘 빨아
들이는데, 공기도 잘 흡수할 수 있을까? 바닷물은 눈에 보이지만, 공
기는 눈에 안 보이잖아?"

어스신의 말에 마르스는 의기양양해져서 뽐내듯 말했어.

"그쯤이야 식은 죽 먹기지. 비록 잘 안 보여도 내 매서운 눈은 피

해갈 수 없다고. 어디 한번 볼래?"

마르스가 이번에는 화성의 공기를 마구 빨아들였어. 마르스는 입 안 가득 공기를 머금고 있다가 숨이 막혀서 다시 내뿜었어. 마르스 가 내뿜은 공기는 지구를 가득 메웠지. 화성 안의 공기 역시 거의 모 두 사라졌어.

어스가 마르스의 힘과 초능력을 칭찬하자, 마르스는 신이 나서 발을 굴렀어. 그러자 태양계에서 가장 큰 화산인 화성의 '몬스 올림푸 스'가 그 힘을 견디지 못해 마구 불을 뿜어댔어. 화산에서 나온 불똥 들은 가뜩이나 말라붙은 공기와 만나 화성 곳곳을 불타게 만들었어. 그곳에서 튄 불똥들이 지구에도 떨어져 화산이 만들어졌단다.

뒤늦게 연기가 뿜어져 나오는 것을 눈치 챈 마르스는 불을 끄려고 물을 찾아보았지만, 물 한방울 찾기 어려웠지.

"이봐, 어스! 지금 화성에 불이 붙었어. 아까 내가 뿜은 물이 모조 리 지구에 간 것 같으니 다시 돌려줘."

마르스는 다급한 마음에 이렇게 부탁을 했지만, 어스는 한 마디로 거절했어. 화가 난 마르스는 길길이 날뛰었어. 마르스가 말을 내뱉 을 때마다 입안에서 엄청난 양의 얼음조각들이 튀어나오면서 화성 곳곳의 불길을 잡았지만 얼음조각들은 그대로 화성의 땅을 얼려버 렸지. 그곳에 살고 있던 동물들은 추위에 떨다가 얼어붙었어. 마르 스는 몸 안의 열기를 모두 모아 얼음조각들을 녹였지만, 이미 너무 많은 에너지를 쓴 뒤라 더 이상 힘이 남질 않았어. 그래서 동물들은 모두 얼어 죽고, 화성 곳곳에 얼음조각들이 남았단다.

붉은 행성, 화성

화성은 유난히 붉은 행성이에요. 화성에 있는 흙 색깔 때문이래요. 철 성분이 많은 화성의 흙들이 화성을 붉게 보이도록 만들어요. 붉은 부분 말고 청회색의 어두운 부분도 있는데, 이 어두운 부분은 계절에 따라서 크기가 변해요. 모래와 먼지가 바람을 타고 움직이는 봄과 여름엔 더 어둡고 커져요. 반면에 가을과 겨울에는 색이 밝아지거나 사라져 버린답니다. 이뿐만이 아니에요. 화성의 계절은 지구보다 약 2배 이상 길어요. 만약 여러분이 화성에 살아서 학교에 다닌다면 방학도 2배, 수업도 2배가 되겠죠?

화성

화성인은 과연 있을까?

옛날부터 사람들은 화성에 생명체가 살고 있을 거라고 생각했어요. 오늘날까지 화성인이 지구를 침략하는 소설과 영화가 만들어지고, 화성에서 생명체를 찾기 위한 탐사 활동 역시 계속되고 있어요. 1976년, 바이킹 1호가 찍은 한 장의 화성표면 사진이 전 세계를 뒤흔들어 놓은 일이 있었어요. 어떤 사람들은 고대 화성인이 만든 작품이라고 주장했고, 이에 따라 화성의 생명체에 대한 호기심은 더욱 커져만 갔죠. 하지만 1998년 4월 5일, 나사(NASA)에서 다시 그 사진을 찍어 조사한 결과 이 사진은 태양에 의해 만들어진 일시적인 것이었다는 게 밝혀졌어요.

화성으로 이사 갈 수 있을까?

일부 과학자들은 멀지 않은 미래에 지구에서 사는 것이 불가능하다는 주장을 펴기도 해요. 지구가 점점 더워지고, 환경도 점점 오염되기 때문이죠. 그런 날이 오면, "태양계 행성 중 유일하게 인간이 살 수 있는 곳은 화성"이라고 주장하는 과학자들도 있어요. 그러면 화성에서 사람이 살 수 있을지 살펴볼까요? 화성에 사람이 살려면 산소와 물이 필요한데 화성에는 물과 산소가 부족해서 생명체가 살기 어렵대요. 게다가 먼지 폭풍이 항상 일어나는 데다, 낮과 밤의 온도차이도 매우 크지요. 그렇다고 해도 화성이 제2의 지구에 가깝다고 하니, 나중에는 화성 이민이 가능해질지도 몰라요.

NASA가 선정한 화성과
가장 가까운 환경을 가진
호주 필바라 지역

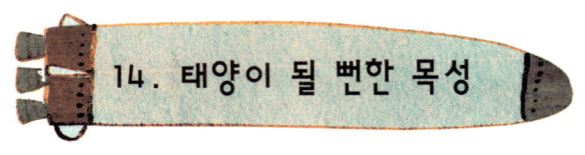

두 개의 태양

너희들은 미처 몰랐겠지만 사실 아주 오래 전에는 태양이 두 개 있었어. 태양과 목성이 바로 두 개의 태양이었지. 두 개의 태양이 이글거리다 보니 지구에 사는 동물들은 숨이 막혔어. 너무 뜨거워서 가만히 앉아 있어도 피부가 화끈거리고 데일 정도였거든. 태양빛을 이기지 못해 쓰러지는 동물들이 부지기수였어.

동물들은 견디지 못하고 대책회의를 열었어.

"태양이 두 개나 되니 도대체 힘들어서 살 수가 없어. 어디 좋은 방도가 없을까?"

하지만 아무리 머리를 모아도 뾰족한 수를 내기는 어려웠어. 태양을 화살로 쏘아 맞춘다고 사냥감처럼 죽는 것도 아니고, 천으로 가릴 수도 없는 노릇이었거든.

"우주의 신께 태양을 하나 없애달라고 빌어봅시다."

동물들은 모두 입을 모아 우주의 신인 자하에게 부탁을 드리자고 말했어.

지혜로운 동물인 원숭이가 대표가 되어 자하신에게 찾아갔어. "신이시여, 우리 동물들은 뜨거운 태양빛에 목마르고, 피부가 데일 지

경이라 곧 모두 죽을 것 같습니다. 동물들을 사랑하신다면, 태양을
하나만 남겨두면 안 될까요?"

　그러면서 원숭이는 빨갛게 데어 피부가죽이 벗겨진 엉덩이를 자
하신에게 보여주었어. 자하신은 물끄러미 원숭이 엉덩이를 쳐다보
곤 곰곰이 생각에 잠겼어.

　"태양과 목성 중에 어느 누구를 우두머리로 꼽으면 다른 한 쪽이
화가 날 터인데, 이를 어떻게 달래주겠느냐?"

　자하신은 난처한 표정으로 고개를 가로저었어. 원숭이는 그 말을
듣고 퍼뜩 좋은 생각이 떠올랐어.

"신께서 어느 한 쪽의 편을 들어주시면, 틀림없이 둘 중 하나는 토라질 것입니다. 따라서 둘이 승부를 겨루게 하시면 좋을 듯합니다. 태양과 목성은 서로 뽐내기를 좋아하니, 그 성질을 이용하소서!"

원숭이의 계략을 들은 자하신은 껄껄 웃으며 고개를 끄덕였어. 결국 태양계를 다스릴 우두머리를 뽑는 시합을 하기로 했지.

드디어 태양과 목성이 승부를 겨루는 날이 되었어.

태양은 목성과 승부를 겨뤄야 하는 것에 자존심이 상할 대로 상했고, 마주 보고 선 목성은 이번 기회에 1위가 되려고 승부욕을 불태웠어.

둘은 빛을 내뿜으며 결투를 벌였어. 태양보다는 좀 작지만, 목성도 힘으로는 밀리지 않는 상대라서 좀처럼 승부가 나질 않았지. 그래서 태양은 머리를 썼어. 몸 안의 힘을 모두 끌어 모아 강력한 폭풍을 만들어내 목성을 날려버렸어. 목성은 엄청난 바람에 밀려나 주저앉고 말았지. 간신히 정신을 차리고 일어섰지만, 몸에 줄무늬가 생기고 말았어. 엄청난 폭풍에 여러 가스들이 서로 떨어져서 제각각 돌고 있었거든. 게다가 가운데 핵을 빼고는 몸이 모두 사라져 버린 거야. 표면을 감싸고 있던 몸들은 모두 떨어져 나가 목성 주위를 도는 여러 개의 위성이 되어버렸어. 자리에서 일어나던 목성은 어지러워서 정신을 차릴 수가 없었어. 제각각 모인 가스들이 어찌나 빨리 빙글빙글 도는지 고개가 핵핵 돌아갈 지경이었거든.

이렇게 해서 태양이 우두머리가 되고, 목성은 맏형 자리를 차지하게 됐어. 하지만 이때의 충격으로 지금도 목성 안에는 가스들이 큰 폭풍을 일으키고 있어.

태양이 되지 못한 비운의 행성, 목성

태양계 안에서 가장 큰 행성이 무엇인 줄 아세요? 바로 목성이에요. 목성은 얼마나 큰지 지름은 지구의 11배, 무게는 318배나 되요. 수소로 이루어진 목성은 태양과 비슷한 크기예요. 목성은 결국 태양이 되지 못했는데, 그 이유는 질량이 모자라 스스로 빛을 내지 못하기 때문이죠. 그래도 우리에겐 다행이에요. 만약 두 개의 태양이 떠 있다면, 우리는 너무 뜨거워서 살아갈 수 없었을 테니까요.

목성

목성은 줄무늬를 가지고 있어!

목성은 대부분 가스로 이루어져 있어요. 이 목성에 있는 가스의 종류와 위치에 따라서 같은 목성 안에 있어도 자전하는 속도가 각각 달라요. 그래서 목성 표면에 줄무늬가 생기는 거예요. 그런데 가스의 온도에 따라서도 색깔과 자전속도가 달라요. 온도가 높으면 밝은 색을 내며 빨리 돌고, 온도가 낮으면 어둡게 변하며 천천히 돌지요. 우리가 알고 있던 목성 줄무늬의 비밀은 다름 아닌 가스였어요.

목성의 고리는 잘 안 보여!

토성처럼 목성에도 고리가 있어요. 그렇지만 토성의 고리보다 얇고 희미해서 지구에서는 잘 보이지 않아요. 그럼 목성에도 고리가 있다는 걸 어떻게 알았을까요? 우주탐사선 보이저 1호가 목성 근처에서 찍어 보내준 사진을 보고 알게 된 거예요. 사진 속 목성에 고리가 분명히 찍혔거든요. 자잘한 알갱이처럼 미세한 물질들이 목성의 고리를 이루고 있으며, 그 두께는 약 30km 정도라고 해요.

목성을 도는 16개의 위성들

목성 주위를 도는 위성들이 아주 많아요. 지금까지 알려진 것만 16개이지요. 그중에 대표적인 위성들인 이오, 유로파, 가니메데, 칼리스토는 1610년, 이탈리아의 천문학자 갈릴레이가 처음으로 발견했어요. 그래서 갈릴레이가 발견한 제일 큰 4개의 위성을 갈릴레이 위성이라고 부른답니다.

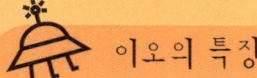
이오의 특징
· 태양계에서 가장 아름다운 위성
· 아직까지 화산 활동을 함

이오

유로파

유로파의 특징
· 달보다 약간 작은 위성
· 얼음으로 덮인 표면은 열로 인해 여기저기 쪼개짐

가니메데의 특징
· 태양계에서 가장 큰 위성
· 수성보다 더 크다.

가니메데

칼리스토의 특징
· 완전한 얼음 덩어리 위성

칼리스토

15. 아름다운 띠를 두른 토성

위험한 시험

    옛날에 토성에는 아름다운 처녀 아이리스가 살고 있었어. 아이리스는 얼굴도 아름답지만, 마음씨도 곱고 누구에게나 상냥했어.

    "나는 아이리스와 결혼해서 행복하게 사는 게 평생소원이야. 아름다운 아이리스를 닮은 딸을 낳으면 얼마나 좋을까?"

    동네 총각들은 입을 모아 이렇게 말하곤 했어. 아이리스가 지나가면 일손을 놓고 멍하니 그 자태를 쳐다보곤 했지.

    그런데 아이리스에게는 무시무시한 아버지가 있었어. 아이리스의 아버지인 크로노스는 딸의 뒤를 졸졸 따라다니는 총각들이 마음에

안 들었어. 오래 전 아내가 죽고 어여쁜 아내와 꼭 닮은 아이리스만
을 키우며 혼자 사는 홀아비였거든.

크로노스 부녀가 사는 성은 '토성'이라고 불렸는데, 사실 아주 무
시무시한 곳이었어. 멀리서 보면 아름다운 무지갯빛 고리를 두른 멋
진 곳처럼 보이지만, 조금만 가까이 가도 오들오들 떨 만큼 추웠어.
무지갯빛 고리는 사실 아이리스를 흠모하는 총각들이 집에 얼씬대
지 못하도록 크로노스가 만들어 놓은 거였어.

또, 성에는 묘한 색깔의 커다란 점이 있었는데, 그 안에서 사나운 폭풍이 몰아쳐 아이리스에게 구애하러 온 총각들을 날려버리곤 했지. 그래서 아이리스에게 청혼하기 위해선 크로노스가 만들어 놓은 위험한 시험을 통과해야만 한다는 소문이 널리 퍼졌어.

그러다 보니 아름다운 아이리스는 홀로 나이를 먹어갔어. 물론 여전히 눈부시게 아름다웠지만, 때때로 외로움을 느꼈단다.

'나는 왜 이렇게 외롭게 사는 걸까? 여태까지 청혼 한 번 제대로 받질 못했으니…….'

어릴 때부터 아이리스를 사모하던 동네 청년 제이로는 드디어 청혼하러 갈 결심을 굳혔어. 아이리스와 함께 살기 위한 보금자리를 마련하느라 좀 뜸을 들였거든. 오랜 시간, 여러 궁리를 한 끝에 토성에 갈 준비를 단단히 했지.

제이로는 동상을 입지 않으려고 스스로 개발한 특수 장갑을 끼고 토성의 고리에 밧줄을 걸어 널뛰듯 뛰어내렸단다. 그러고 나서 폭풍을 피하기 위해 튼튼한 우산을 펼쳤어. 그런데 이게 웬일이야. 때마침 토성에는 폭풍이 잠잠한 때였단다. 다들 몰라서 그렇지 토성의 폭풍은 몇 달 동안 불다가 그 뒤 수십 년간은 없어지거든. 제이로가 오랜 시간 기다려서일까, 운이 좋아서일까, 마침내 제이로는 토성의 문을 힘차게 두드렸단다.

토성은 위성이 많아!

토성은 많은 위성을 거느리고 있어요. 이름 붙여진 위성만 18개. 이름없는 위성들까지 더하면 토성은 정말 많은 위성을 가지고 있는 셈이죠. 토성의 많은 위성 중 가장 큰 위성인 '타이탄'의 지름은 약 5,140km 정도로, 수성이나 명왕성보다 더 커요. 1997년 10월 15일, 유럽의 '호이겐스 탐사선'은 타이탄 위성을 조사했어요. 이 탐사선은 타이탄에 유기 화합물과 바다가 있고, 짙은 안개가 끼어 있다는 사실을 알아냈죠.

토성의 가장 큰 위성
'타이탄'의 표면

토성은 너무 추워!

토성은 북극보다 더 추운 행성이에요. 아름다운 토성의 고리가 사실은 크고 작은 얼음 덩어리로 이루어져 있다는 걸 알고 있나요? 토성의 평균 온도는 섭씨 영하 150℃ 정도이며, 토성의 공기층 꼭대기는 섭씨 영하 180℃까지 내려가지요. 게다가 초속 500m의 강풍까지 부는 이 행성의 추위는 말로 표현할 수 없을 정도겠죠? 토성이 이렇게 추운 이유는 태양과의 거리가 너무 멀어서 태양의 빛을 잘 받지 못하기 때문이에요. 얼어붙을 정도로 추운 토성에 비하면, 우리가 살고 있는 지구의 추위는 아무것도 아닌 것 같아요.

토성

토성의 고리는 하나가 아니야!

토성하면 가장 먼저 '토성의 고리'가 생각나요. 그런데 1675년, 이탈리아의 천문학자 카시니는 망원경으로 토성의 고리를 관찰하던 중에 놀라운 사실을 발견했어요. 그동안 하나로 짐작해 왔던 토성의 고리가 하나가 아닌 여러 개로 이루어졌다는 거였지요. 그리고 카시니는 고리와 고리 사이에 틈이 있다는 걸 밝혀냈어요. 오늘날 그 틈은 그의 이름을 따서 '카시니의 틈'이라고 불러요.

천문학자 카시니

확대한 토성의 고리

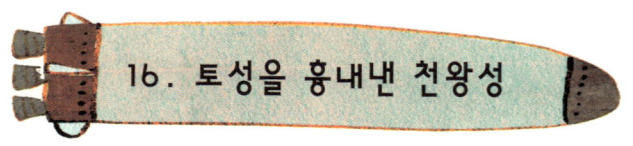

따라쟁이 거인

　토성의 이웃집 천왕성에는 우라누스라는 키가 아주 큰 초록빛 거인이 살고 있었어. 어찌나 키가 큰지 옆으로 드러누우면 머리와 발이 천왕성의 양쪽 끝에 닿을 정도였지. 그런데 이 거인은 덩치만 산더미처럼 아주 컸지 수줍음을 무척 타는 소심한 성격이었단다.

　어느 날, 우라누스는 이웃 행성인 토성에 놀러갔다가 아이리스를 보고 첫눈에 반해버렸어. 그때부터 상사병에 걸려 앓기 시작했는데, 병이 너무 깊어져서 열이 펄펄 끓는 거야. 앓아누운 우라누스를 병문안 온 친구 가우스가 특별한 약을 만들어 먹였더니 열이 내렸는데, 이번엔 체온이 뚝 떨어져서 얼음장보다 차갑게 변했단다. 체온이 무려 영하 210도라니, 그 곁에 가기만 해도 벌벌 떨

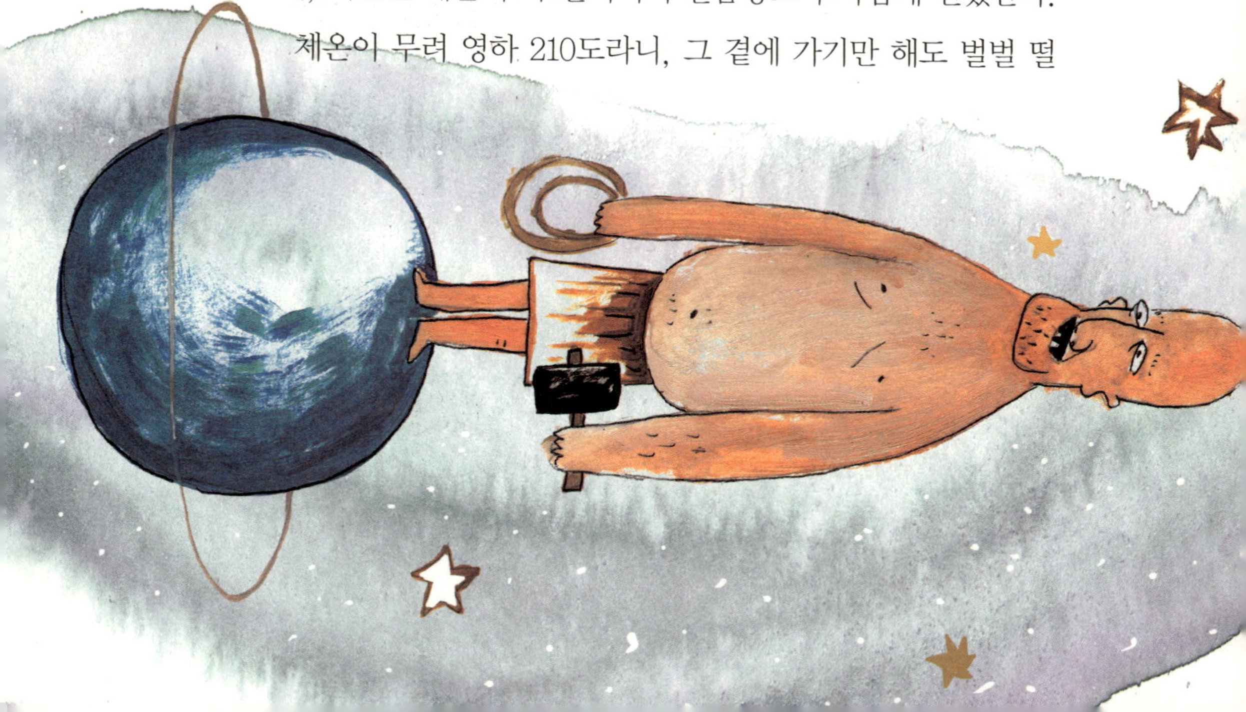

겠지?

냉동생물처럼 변한 우라누스는 의기소침해졌어. 아이리스에게 청혼하고 싶었는데, 몸이 차갑게 변했으니 감히 접근도 못하게 됐기 때문이지.

'아, 아이리스가 보고 싶어. 이런 차가운 몸으로는 만나기도 어려우니…. 아, 이 일을 어이 할꼬!'

신세한탄만 하던 우라누스는 어느 날 갑자기 좋은 생각이 떠올랐는지 자리를 박차고 일어났어.

"그래, 아이리스와 혼인할 수는 없지만, 사모하는 마음을 표현할 수는 있을 거야. 내가 이렇게 한다고 누가 뭐라고 하겠어?"

우라누스는 그날부터 무엇을 만드는지 뚝딱뚝딱 아주 바빴어.

"우라누스, 도대체 뭘 하느라 그리 바쁜 거야? 같이 놀러가지 않을래?"

친구 가우스가 놀러왔지만 우라누스는 바쁘게 일하느라 거들떠보지도 않았어. 기분이 나빠진 가우스는 토라져서 자기 집으로 돌아갔지. 쉴 새 없이 일하는 우라누스의 온몸에서는 차가운 김이 나고 있었단다. 그렇게 석 달을 밤낮 가리지 않고 일하던 때였어.

"아, 드디어 다 끝났어. 이쯤이면 아이리스를 사모하는 내 마음을 모두 알겠지? 비록 아이리스가 날 사랑해주지 않더라도 나는 아이리스를 평생 사랑할 거야."

우라누스는 포효하듯 소리를 질렀어.

어머나, 세상에. 우라누스는 따라쟁이가 된 거야. 푸른빛 성은 바꿀 수 없었지만, 성 주위에 띠를 만들어 토성의 고리를 흉내낸 거란다. 돌멩이와 바위덩어리, 얼음을 섞어 토성의 아름다운 띠와 비슷한 고리를 만들었지. 그리고 토성의 폭풍을 흉내내 강한 바람이 몰아치게 만들었어. 그런데 이건 약과였어. 제일 기막힌 게 뭐였게?

아이리스를 향한 마음을 알리고, 그 밑에 늘 무릎 꿇고 사는 것처럼 천왕성이 아래에서 위로 돌게 만든 거야. 늘 아이리스의 발밑에 넙죽 절하는 자기 모습을 본 뜬 거였지.

하지만 사람들은 달라진 천왕성의 모습을 보고 이처럼 수군댔어.

"뭐야, 따라쟁이 아냐? 토성을 흉내내 고리를 만들다니!"

"아래에서 위로 돌다니! 뭔가 거대한 물체와 충돌해서 저렇게 바뀌었나 봐!"

아이리스에 대한 사모하는 마음을 보여주고 싶었던 우라누스는 화병으로 드러눕고 말았어. 다시 친구 가우스가 찾아왔지.

"어때, 멋지지? 아이리스가 이걸 보면 좋아하지 않을까?"

우라누스는 열이 펄펄 끓는데도 아이리스 타령만 했어. 이걸 본 가우스는 홧김에 한마디 하고 말았지.

"이런, 우라누스! 아이리스는 얼마 전 혼인했어. 정신 차려, 이 친구야!"

천왕성은 토성과 비슷해!

영국의 천문학자 윌리암 허셜은 자기가 만든 망원경으로 1781년에 천왕성을 발견했어요. 천왕성은 토성과 비슷한 행성으로도 잘 알려졌어요. 위성도 많고, 고리가 있으며, 가스로 이루어졌기 때문이죠. 천왕성은 적어도 11개 이상의 고리를 가지고 있어요. 지름이 90cm 정도 되는 검은 덩어리들로 이루어졌기 때문에, 천왕성의 고리는 토성의 고리보다 색깔이 어두워요. 게다가 토성과의 거리도 아주 멀리 떨어져 있어요. 얼마나 멀리 떨어져 있냐고요? 1977년에 보이저 2호가 시속 67만km가 넘는 속도로 쉬지 않고 갔는데도 10년이 걸렸거든요.

천왕성

천왕성은 옆으로 누워서 돌아!

천왕성도 다른 행성들처럼 돌고 돌지요. 하지만 자전과 공전을 하는 시간과 모양이 다른 행성들과 많이 달라요. 지구 시간으로 약 84년에 태양을 한 번 돌고, 약 15시간에 한 번 자전을 해요. 또 도는 방향도 남달라요. 옆으로 누워서 타원형 모양으로 데굴데굴 돌지요. 꼭 닭이 꼬치에 매달려 숯불 위를 지글지글 도는 것처럼 말이죠.

천왕성의 밤은 낮보다 따뜻해!

천왕성은 태양에서 멀리 떨어진 행성이에요. 태양과의 거리가 멀어서 밤에는 추울 거라고 생각하지만, 그렇지 않다는 게 정답이에요. 천왕성을 채우고 있는 수소는 햇빛과 열에 의해 2개로 쪼개져요. 이렇게 나눠진 2개의 원자는 밤이 되면 합쳐져 하나의 원자가 되는데, 여기서 발생하는 열 때문에 천왕성의 밤은 낮보다 따뜻해요.

낮과 밤은 왜 생길까요?

지구는 태양을 중심에 두고 태양의 주위를 계속 돌고 있어요. 그것을 우리는 '공전'이라고 한답니다. 그런데 이 공전과 동시에 지구는 스스로 팽이처럼 빙글빙글 도는 '자전'도 해요. 이처럼 지구가 자전과 공전을 함께 하면서 태양이 비추는 쪽은 낮이 되고, 태양이 비치지 않는 곳은 밤이 되는 것이에요.

지구뿐만 아니라 태양계를 돌고 있는 다른 천체들도 태양을 중심으로 도는 공전과 천체 스스로 도는 자전을 하고 있답니다. 그러나 그 방향은 어떤 천체이냐에 따라 달라져요.

낮과 밤

지구의 어두운 부분은 밤이고, 밝은 부분이 낮이에요.

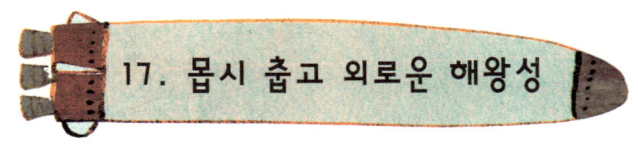

콧대 높은 왕

여기는 '태양계의 푸른 진주'라고 불리는 해왕성이야. 그런데 해왕성은 '얼음왕국'이라고도 불린단다. 왜냐하면 얼어붙을 정도로 추운 데다가, 엄청난 강풍이 몰아치는 곳이기 때문이야. 거기다 얼음왕국을 다스리는 하이노즈 왕은 성격이 아주 포악하기로 명성이 자자했어.

"아침 해가 밝았는데 어찌 아직 세숫물을 대령하지 않았느냐?"

"불로초를 구해오라고 했는데 어찌 아직 소식이 없느냐?"

신하들은 동동거리며 발에 불이 나게 뛰어다녔지만, 왕의 호통은 끊이질 않았지. 왕의 앞에서는 쩔쩔매던 신하들은 뒤돌아서면 욕을 하기 일쑤였어. 하지만 워낙 무서웠기 때문에 누구도 대들지 못했지.

하루는 이런 일도 있었어.

"이따위 음식을 가져오다니, 당장 주방장을 불러라."

주방장 트리톤은 충실한 신하인데다, 왕국에서 손꼽히는 요리사였어. 사실 왕이 감기에 걸려 입맛이 없는 건데, 애꿎은 주방장 탓을 한 거지.

"예, 전하. 무슨 일
이시온지요?"

트리톤은 머리를 조
아리며 이렇게 여쭈
었어.

"이걸 음식이라고
내왔느냐? 지나가
는 개를 줘도 목
먹겠다."

왕은 불
같이 화를
내며 음식접시를
트리톤 발밑에 내동댕이
쳤어. 최고의 요리사로 자부해
온 트리톤은 고개를 저으며 음식접시에 다가가 맛을 보았어. 향이며
맛, 색깔, 꾸밈 모두 기가 막혔지.

"전하, 이것은 최고의 요리인 오블레옹입니다. 제 생각에는 감기
로 인해 전하의 입맛이…."

그러나 트리톤은 채 말을 끝내지도 못했
어.

화가 난 왕의 입에서 액체질소가 뿜어져 나와 그대로 트리톤을 얼
려버렸거든. 그걸론 성미가 차지 않았는지 얼음조각이 된 트리톤을

삽으로 떠서 던져버렸어. 그런데 불행히도 너무 멀리 날아가지는 못했는지 왕국 주위를 떠도는 얼음조각이 되었지. 죽어서도 왕국을 도는 행성이 된 거야.

또 다른 일도 있었어.

하나뿐인 동생 네레이드 역시 성격이 사나웠어. 하지만 형의 왕국에 빌붙어 사는지라 별말 못하고, 형 행동이나 말이 마음에 안 들 때마다 고개를 외로 꼬았지. 그때마다 불같은 성질의 형의 눈에서는 불꽃이 번뜩였어. 그러나 어머니 세이라가 말리는 통에 동생을 어쩌지는 못했지. 그런데 어머니가 다른 왕국으로 여행을 떠난 때였어. 형이 고래고래 소리를 지르자 네레이드는 평소대로 고개를 꼬았지. 그것을 본 왕은 얼음 공을 발로 차 네레이드를 향해 날렸어. 그 공을 맞은 네레이드는 고개가 영원히 비뚤어지고 말았지. 그걸로도 부족했는지 입에서 얼음바람을 뿜어 왕국 밖으로 날려버렸어.

여행에서 돌아와 뒤늦게 이 사실을 알게 된 어머니는 화가 머리끝까지 치밀었어.

"네가 감히 내 귀한 아들을 날려버리다니! 이 왕국을 영원히 얼음으로 뒤덮어 아무도 살 수 없게 만들리라!"

어머니 세이라는 이렇게 다짐하며 저주를 퍼부었어. 그 즉시 얼음 왕국의 모든 곳이 얼어붙을 정도로 추워졌어. 표면 온도가 영하 220도나 되었으니 오죽 춥겠어? 게다가 공기도 모두 거두어 가서 얼음왕국의 대기는 메탄으로 가득 뒤덮였어. 메탄은 붉은 빛을 모두 빨아들여서 얼음왕국은 지금처럼 시리도록 푸른빛을 띠게 되었대.

해왕성은 어떻게 발견됐을까?

관측이 아니라 과학자들의 계산 끝에 발견한 행성도 있어요. 영국의 천문학자 애덤스는 천왕성의 움직임을 보고 여러 관찰 결과를 종합한 끝에 천왕성보다 더 먼 곳에 또 다른 행성이 있을 것이라고 주장했어요. 당시 애덤스와 같은 생각을 가지고 있던 프랑스의 천문학자 르베리에도 그 미지의 행성의 위치를 계산했지요. 그 뒤 독일의 천문학자 갈레라는 이 두 과학자의 계산을 기초로 위치를 추적한 끝에 마침내 해왕성을 발견하게 됐어요. 이처럼 과학적 계산을 이용한다면, 또 다른 미지의 행성도 발견할 수 있겠지요?

해왕성

17

해왕성은 바다같이 푸른 행성이야!

해왕성은 태양계 행성 중 가장 푸른 행성이지요. 마치 섬이 하나도 없는 넓고 푸른 바다를 보는 것 같아요. 이는 해왕성에 있는 메탄 구름이 빛을 받아서 푸른빛을 내기 때문이지요. 지구가 태양을 한 바퀴 도는 데 걸리는 시간은 365일, 하지만 해왕성은 지구 시간으로 치면 165년이나 걸리는 느림보래요. 태양을 도는 방향도 30도 정도 기울어진 곳에서 돌고, 스스로 열도 내기 때문에 천왕성보다 태양까지의 거리는 더 멀지만 두 행성의 온도는 비슷해요.

해왕성엔 청개구리 위성이 있어!

태양계에서 위성들은 자기 행성이 도는 방향으로 돌아요. 한 녀석만 빼고요. 바로 해왕성의 8개 위성 중 가장 큰 트리톤이 그 주인공이죠. 말 안 듣는 청개구리처럼 해왕성과는 반대 방향으로 돌아요. 일부 과학자들은 트리톤이 반대로 도는 이유는, 해왕성과 함께 만들어진 행성이 아니기 때문이라고 주장하지요. 다른 곳에서 만들어진 위성이 나중에 해왕성 쪽으로 밀려온 거라는 주장이지요. 과연 어떤 주장이 맞을까요?

해왕성과 반대로 도는
위성, 트리톤

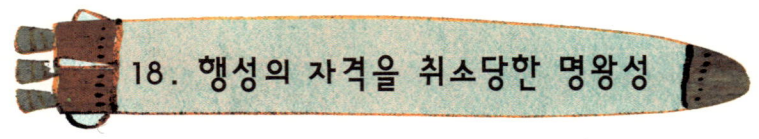
새치기 대장

　명왕성을 다스리는 왕의 이름은 플루토란다. 플루토는 다른 말로, '하데스'라고 하는데, 지하세계를 다스리는 왕의 이름이기도 하지. 플루토는 성격이 괴팍하고 엉망이기도 해.

　어느 날, 심심했던 왕은 축소광선을 만들어서 실험해보기로 했어. 나라 안의 물건들을 작게 만들다가 장난기가 발동했거든. 그래서 백성들을 작게 만들기 시작했어. 그걸로도 모자라서 백성들 중에 가장 말을 안 듣고 자기 말을 거역했던 카론이라는 신하를 축소해서 나라 밖으로 날려버렸어. 그래서 카론은 명왕성 주위를 도는 위성에서 산단다. 그리고 머리가 어지러울 정도로 명왕성 주변을 빠르게 돌아. 지구를 도는 달보다 4배나 빨리 도니 그 속도를 짐작하겠지?

　"으하하하, 카론을 날려버리니 정말 좋아. 앓던 이가 빠진 것처럼 후련해!"

　그렇지만 그 때 느꼈던 즐거움은 오래 가지 않았어.

　"아아, 심심해. 뭐 재밌는 일 없을까? 백성들을 작게 만드는 것에도 싫증났어. 뭔가 즐거운 놀이가 필요해."

　왕의 말에 제논이라는 간사한 신하가 냉큼 이

렇게 대답했어.

"우리별을 축소하는 건 어떨까요? 작게 만들었다가, 다시 크게 만들면 되지 않겠습니까?"

딴은 그럴 듯 했어. '심심풀이 오징어 땅콩' 이라고 까짓것, 작게 만들었다가 크게 만들었다가 하면 되는 거잖아? 고무공처럼 크기가 줄었다가 늘어났다가 하면 정말 재미있을 것 같았어.

"으하하하, 네 말이 옳다! 어디 한번 해볼까?"

그 즉시 왕은 축소광선을 별을 향해 쏘았어. 그런데 이게 웬일이야? 크기가 이전보다 많이 줄어든 거야. 그런데 다시 되돌리려고 하니 확대광선이 말을 안 듣지 뭐야? 그래서 명왕성은 달 크기의 3분의 2 정도로 작아졌단다.

"제논, 네 이놈! 이 일을 어쩔 거냐? 당장 책임을 져라!"

애꿎은 제논만 꼼짝없이 당하고 말았던 거야.

별의 크기가 작아진 뒤, 화가 난 왕은 별을 조종해서 태양계로 들어섰어. 태양이 빛나는 것을 보니 따뜻해 보이는 게 좋았거든.

하지만 플루토 왕은 장난기가 많은 만큼 싫증도 잘 내는 성격이었어. 태양 주변을 똑같이 도는 것에 싫증이 난 나머지 다른 별들과 다르게 돌기로 한 거야. 다른 별들은 태양 주위를 가지런히 돌지만, 명왕성만은 궤도를 이탈해서 비스듬히 돈단다.

태양계를 다스리던 신은 이 시건방진 행성을 달갑지 않게 생각했어. 그래서 곰곰이 생각한 끝에 명왕성의 왕인 플루토를 불러 이렇게 말했어.

"플루토, 너는 새치기 대장인데다 건방지구나. 태양계의 질서를 어지럽히는 만큼 널 퇴출시켜야겠어. 행성 자리를 도로 내놓아라."

"말도 안 돼요! 나도 엄연히 태양 주위를 도는 행성이라고요. 이런 법이 어디 있어요?"

플루토는 거세게 항의했어. 그러나 이미 마음을 정한 신은 고개를 저으며 이렇게 말했어.

"모든 것에는 법칙이 있는 거란다. 그리고 자기가 맡은 역할을 다해야 하는데, 너는 그걸 따를 자격을 잃었어."

명왕성은 어떤 별일까?

태양에서 보면 9번째 자리에 있는 명왕성. 그러나 명왕성의 질량은 지구의 0.2% 정도밖에 안 되는 아주 가벼운 난쟁이 별이에요. 별은 크기가 클수록 중력이 강한데, 명왕성은 작은 별인만큼 중력이 아주 약해서 주변 위성을 잡고 있는 힘도 별로 안 세지요. 주변의 다른 행성들이 기체로 이루어져 있는데, 명왕성은 딱딱한 표면이 있어서 그 위에 설 수 있어요. 그러나 명왕성의 평균 기온은 영하 200℃를 넘을 정도로 추워서 생물체가 살기 어려워요. 또 명왕성은 아주 흐려서 망원경으로도 찾기 어려워요. 그래서 '신비에 싸인 행성'이라고 불렸지요.

명왕성

명왕성은 행성 자격을 잃었어!

불과 몇 년 전까지만 해도 명왕성은 태양 주변을 도는 9번째 행성의 자리에 있었어요. 그러나 명왕성과 비슷한 제나와 같은 별들이 잇달아 발견되면서 과학자들 사이에 이야기가 오갔어요. 과연 명왕성을 태양의 위성이라고 말할 수 있을까? '위성이다, 아니다.'를 놓고 이야기를 나눈 결과 2006년 국제천문연맹에서 행성의 뜻을 새롭게 밝혔어요. 행성으로 인정받으려면 다음의 조건에 맞아야 한다는 군요. 첫째, 태양을 돌고 둘째, 구형에 가까운 모양을 유지할 수 있는 질량이 있어야 하며 셋째, 궤도 주변에서 지배적인 역할을 해야 한다는 거예요. 그런데 이런 점에서 명왕성은 자격 미달이라는 결론이 내려져 행성 자격을 잃게 됐어요.

왜행성(왜소행성)이 무엇인가요?

명왕성과 비슷한 크기와 질량을 가진 작은 행성들이 계속 발견되면서 태양계의 궤도안에 있는 행성들의 기준이 애매해지기 시작했어요. 그래서 국제천문연맹(IAU)에서는 2006년 8월에 명왕성을 비롯한 천체들을 새롭게 분류했답니다.

최초의 소행성으로 알려진 세레스와 그동안 행성으로 분류되었던 명왕성, 명왕성 바깥을 도는 에리스에 대한 새로운 정의를 내렸어요. 그래서 이 천체들을 통틀어 '왜행성(왜소행성)'으로 부르기로 했답니다.

11살 영국 어린이가 별의 이름을 지었어!

명왕성이 발견되고 과학자들은 이 행성 이름을 전 세계적으로 공모했어요. 수많은 이름이 나왔지만, 결국 영예는 영국의 11살 소녀에게 돌아갔지요. 소녀는 로마의 지하세계 여신의 이름인 '플루토'란 이름을 붙이자고 말했어요. 플루토의 다른 이름은 '하데스'였지요. 심사위원들은 자주 관찰하기 어려운 신비의 행성인 명왕성에 이 같은 이름이 딱 들어맞는다고 생각했던 거예요.

로마 지하세계의 신,
플루토

19. 혜성 또는 유성과의 충돌

우주떠돌이의 대화

"야, 조심해!"

우주떠돌이 1호가 크게 외쳤어요.

우주떠돌이 1호가 태양 주위를 타원형으로 돌고 있을 때, 우주떠돌이 2호가 빠른 속도로 날아와 하마터면 부딪칠 뻔했거든요.

"야, 넌 처음 본 녀석인데, 이름이 뭐야?"

우주떠돌이 2호가 대뜸 시비를 걸었어요.

"어쭈? 난 우주떠돌이 1호다. 혜성이라고 하지. 그러는 넌?"

"네가 혜성이라고? 말로는 들었지만, 정말 신기하게 생겼구나. 그 긴 꼬리는 뭐야?"

　　우주떠돌이 2호는 1호의 아래위
를 훑어보며 물었어요.
　　"난 먼지와 얼음으로 만들
어졌지. 그래서 태양 가까이
가면 얼음이 녹으면서 긴 꼬리
가 생기는 거야. 근데 네 이름은 뭐야?"
　　"세상에, 나를 모르다니! 나는 우주떠돌이 2호, 다른 말
론 유성체라고 한단다. 아가야, 넌 대체 어디서
왔기에 나를 아직도 모르니?"
　　"내가 태어난 곳은 해왕성 너머 태양
계의 끄트머리인 오르트의 구름이라
는 곳이란다. 친구들과 그곳에서 놀
고 있었는데 알 수 없는 힘에 이
끌려서 이곳까지 오게 되었어."
　　대화를 나누다보니, 1호는

마음씨가 착한 친구였어요. 그래서 2호도 자기 이야기를 해주었지요. 자기는 작은 암석이나 부스러기들로 이루어져 있는데 가끔씩 몸의 일부가 떨어져 나가 지구 안으로 들어가서 그때마다 마음이 아프다고요.

"왜 마음이 아파?"

우주떠돌이 1호는 고개를 갸우뚱거렸어요.

"지구 대기권 안으로 들어가면 우리들은 땅으로 떨어지기 전에 타 버린단다. 때때로 지구 안으로 들어가 땅에 떨어지기도 하지만, 대부분은 그렇지 않아. 그래서 지구인들은 우릴 별똥별이나 유성이라고 불러. 땅에 떨어지면 운석이라고 부른단다."

우주떠돌이 1호는 고개를 끄덕이며 슬픈 표정을 지었어요.

"우리들도 가끔씩 다른 행성들과 충돌하기도 해. 장렬한 최후를 맞는 거지. 그럼 너는 몸이 떨어져나가는 아픔을 느끼겠구나!"

우주떠돌이 2호는 무슨 생각이 났는지 박수를 치며 이렇게 말했어요.

"하지만 꼭 그런 것만은 아니야. 아주 오랜 옛날, 아주 커다랗고 덩치가 좋은 천하장사 유성이 있었거든. 그 천하장사가 지구에 떨어져서 당시 지구에 살던 덩치 큰 공룡 같은 짐승들이 모두 죽고, 먹구름이 짙게 지구의 대기를 뒤덮어서 태양빛도 제대로 통과하지 못했대. 그러자 지구의 날씨가 아주 추워져서 모두 얼음으로 변해 버렸다고 해. 그래서 인간들도 못 살고 다 죽었대. 우리들 사이에 떠도는 무용담이지."

둘은 우주를 떠도는 애환을 얘기하느라 시간 가는 줄 몰랐어요.

혜성은 꼬리가 길어!

태양계는 우리 상상보다도 훨씬 더 큰 곳이지요. 혜성이 모여 있는 곳으로 추정되는 '오르트의 구름'은 태양계의 끝으로, 해왕성에서도 빛의 속도로 1년을 여행해야 갈 수 있는 곳이에요. 그래서 옛날 사람들은 혜성을 불길한 징조로 여겼고, 꼬리별 혜성의 주기를 계산해낸 천문학자 핼리도 혜성이 어디서 오는지는 알지 못했어요. 그러다 오르트라는 천문학자가 멀리 혜성들이 모여 있는 곳에서 온다는 것을 밝혀내 그 이름을 따 '오르트의 구름'이라고 붙인 거예요. 얼음과 먼지로 이루어진 혜성은 어쩌다 태양 근처로 오게 되면 태양 둘레를 돌아요. 그러다가 태양 가까이에 오면 얼음이 녹기 때문에 태양의 반대쪽을 향해 꼬리가 길어지는 거지요.

혜성

19

유성들이 벌이는 불꽃쇼

태양 주위를 돌던 혜성이나 소행성들이 충돌하면서 생긴 암석이나 부스러기들을 유성체라고 불러요. 이것이 지구 대기권에 들어오면 마찰에 의해 타면서 빛을 내는데, 이게 유성이에요. 유성이 한꺼번에 많이 보일 때는 마치 비처럼 쏟아진다고 해서 유성우라고 불러요. 유성우는 불꽃쇼를 하는 것 같이 멋져요. 또 대기권에서 모두 타지 못하고 지구로 떨어진 것을 운석이라고 부른답니다.

유성우

우주먼지들의 지구습격

　만약 혜성이나 유성체, 소행성과 같은 우주먼지가 지구와 충돌한다면 어떤 일이 벌어질까요? 만약 지름 2km 크기의 소행성이 지구와 충돌하면 원자폭탄 2,000만 개가 폭발한 괴력과 맞먹는다니, 정말 상상조차 하기 싫을 정도죠? 미국 애리조나와 시베리아 퉁구스카에 떨어진 운석이나, 공룡을 멸망시킨 원인도 소행성으로 보지요. 소행성 충돌로 생긴 먼지가 태양을 가리면서 날씨가 추워지는 등 기후가 바뀌었기 때문이라는 거예요. 달에 보이는 움푹한 구멍인 크레이터는 옛날에 소행성 충돌이 자주 일어났다는 걸 보여줘요.

소행성 충돌로
만들어진 크레이터

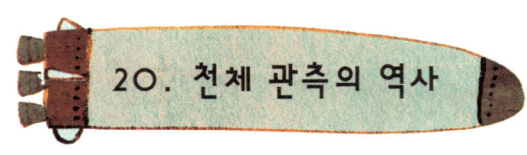

두 거장의 만남

1931년 어느 날, 미국의 윌슨 산 천문대에서 우주를 관찰하고 있던 허블에게 놀라운 손님이 찾아왔어요. 그 사람은 세계적인 물리학자 아인슈타인이었지요. 깜짝 놀란 허블은 몸 둘 바를 몰라 쩔쩔맸어요.

"우주가 언제나 똑같은 모양으로 멈추어 있다는 제 이론이 틀렸다는 소식을 들었습니다. 처음에는 당황했지요. 하지만 곧 허블 선생님이 말씀하신 이론이 맞다는 걸 깨닫게 되었습니다. 우주가 점점 커지고 있다는 것을 알아내셨지요."

"……."

"우주가 서로 끌어당기는 힘이 있다면, 지금쯤 우주는 없어졌겠지요. 그게 늘 저의 가장 큰 고민이었습니다. 우주가 팽창한다는 건 생각지도 못했지요. 제 가장 큰 실수를 깨닫게 해 주셔서 감사합니다. 선생님의 이론이 천문학계에 준 영향은 실로 큽니다."

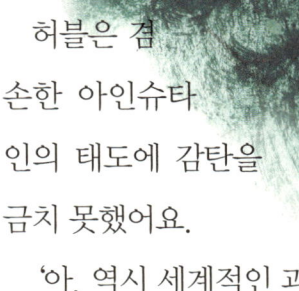

　　허블은 겸
손한 아인슈타
인의 태도에 감탄을
금치 못했어요.

　　'아, 역시 세계적인 과학자답구나!'

　　허블이 '우주가 팽창한다.'는 것을 깨닫
고 그에 따른 이론을 펼친 것은 늘 하늘을 관
찰했기 때문이에요.

　　우주와 별들의 움직임을 관찰하고, 그것을 가
록하는 일을 게을리 하지 않은 노력의 결과였지
요. 허블은 은하를 자세히 관찰하여 우주에 있는

수십억 개의 은하를 모양, 거리, 밝기에 따라 나누었어요.

그런데 은하를 관찰할수록 허블의 궁금증과 고민은 점점 커졌어요. 당시 대부분의 천문학자들은 우주는 멈추어 있다고 생각했어요. 또 별들 사이에 서로 끌어당기는 힘 때문에 별들이 한 곳으로 모여서, 결국 폭발할 것이라고 말했거든요. 하지만 허블이 별들과 은하를 오래도록 관찰한 결과는 달랐어요. 멀리 떨어진 은하일수록 서로 더 빨리 멀어져서 우주가 점점 커진다는 사실을 발견했거든요.

하지만 이 같은 생각은 대부분의 천문학자들의 생각을 완전히 뒤집는 거였지요. 특히 당시 세계적인 과학자였던 아인슈타인의 이론과는 정반대였어요.

'내가 관찰한 결과 우주는 항상 똑같지도 않고, 점점 커지면 커졌지 한곳으로 모여 폭발하지는 않아. 하지만 내 생각이 틀렸다면?'

허블은 아내에게 이런 자신의 발견과 고민을 속시원히 모두 털어놓았어요. 이야기를 다 들은 아내는 남편 허블을 격려하며 천문학계에 그 같은 발견을 발표하라고 힘을 북돋아 주었어요.

드디어 1929년, 허블은 자신의 발견을 정리하여 천문학계에 발표했어요. 허블의 발표는 '우주에 대한 생각'을 모두 뒤집는 것이었어요. 그러나 허블의 발견은 우주가 멈추어 있지 않고 점점 커진다는 다른 몇몇 과학자들의 생각을 뒷받침해 주는 것이었지요. 나중에 이 이론은 '허블의 법칙'이라는 이름을 얻게 됐어요.

우주는 지금도 점점 커지고 있어!

지금은 누구나 우주가 폭발해서 점점 커지고 있다고 생각하지만, 허블이 그 같은 설명을 하기까지 사람들은 우주는 항상 똑같다고 생각했어요. 그러나 허 블은 꾸준한 관찰과 세심한 기록을 통해 우주의 법칙을 새롭게 썼고, 이는 '허블의 법칙'으로 불려요. 우주망원경이 만들어지면서 허블의 이름을 딴 것 은, 그만큼 그가 발견한 우주의 법칙이 놀라운 것이었기 때문이에요.

천문학자, 허블

허블과 아인슈타인은 실제 만났어!

허블과 아인슈타인은 실제로 만났다고 해요. 최고의 물리학자 아인슈타인과 최고의 천문학자 허블의 만남은 1931년, 아인슈타인이 미국 윌슨 산으로 허블을 방문했기 때문에 이루어진 것이에요. 사실 허블은 아인슈타인의 '우주 이론'을 정면으로 반박하고 뒤집은 사람이지만, 아인슈타인은 자기의 실수를 인정하고 허블의 공적을 높게 평가한 거예요.

옛날엔 별자리가 달력이었어!

옛날에는 오늘날 우리가 쓰는 정확한 달력이 없었어요. 그래서 농사를 짓는 사람들은 매우 힘들었어요. 언제 씨를 뿌리고 언제 밭을 갈아야 할지 정확히 알 수 없었거든요. 그래서 별자리가 달력의 역할을 했어요. 어떻게 했냐고요? 가까워 보이는 별끼리 짝을 지어 별자리를 만들었어요. 별자리의 위치가 변함에 따라 시간이 얼마나 지났는지 계산했거든요. 별자리를 달력으로 이용하며 농사를 지은 옛날 사람들의 지혜가 놀랍지 않은가요?

천재적인 천문학자들은 누구?

★ 서기 200년 무렵 살았던 그리스의 과학자 프톨레마이오스는 지구와 태양계에 대한 이야기를 담은 책을 썼어요. 이 책에는 지구가 우주의 중심이며, 태양과 다른 행성들이 지구의 주위를 돈다는 내용이 담겨 있지요. 지금은 말

도 안 되는 생각이지만, 그 때 사람들은 당연하게 생각했어요.

★ 1500년 무렵 폴란드의 천문학자 코페르니쿠스는 그동안 사람들이 가져왔던 지구와 우주에 대한 생각을 뒤집는 주장을 폈어요. 지구가 태양의 둘레를 도는 별이라는 것이었지만, 그 때 사람들은 코웃음을 치고 비웃었어요.

★ 이탈리아의 천문학자 갈릴레오 갈릴레이(1564~1642)는 지구가 둥글고, 지구가 태양의 주변을 돈다는 걸 알아냈지요. 그러나 그 때 사람들은 이 같은 주장을 믿지 않았어요. 갈릴레오는 당시 최고의 망원경을 직접 만들어 하늘을 관찰한 천문학자로도 유명해요.

★ 영국의 천문학자 에드먼드 핼리(1656~1742)는 태양 주변을 돌면서 76년 만에 한 번씩 지구에 다가오는 혜성을 발견했어요. 이 혜성을 핼리의 이름을 따서 '핼리 혜성'이라고 불러요.

★ 미국의 과학자 로버트 고다드(1882~1945)는 1926년, 최초의 현대적 로켓을 발사했어요. 고다드는 고체연료 대신 액체연료를 사용해 로켓을 하늘로 쏘아 올렸지요. 액체연료는 무게가 가벼워서 로켓의 전체 무게를 가볍게 만들어 주었어요.

★ 미국의 천문학자 에드윈 허블(1889~1953)은 우주가 서로 끌어당겨 결국 폭발해버리는 것이 아니라 점점 팽창하는 것이라는 걸 발견했어요. 이를 '허블의 법칙'이라고 불러요.

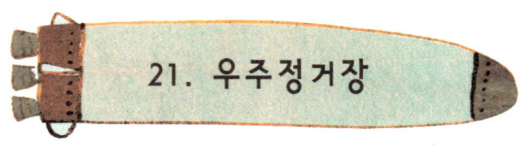

두 번 뜨는 태양

가이사르 팀은 오늘 화성에 탐사로봇 소이를 보내기로 결정했어요. 탐사로봇 소이는 화성에 물이 있는지, 인간이 살 만한 환경인지에 대한 정보를 보내주는 아주 중요한 일을 수행할 로봇이지요.

"소이에 대한 체크가 다 끝났나? 오늘 보내도 아무 문제가 없겠는가?"

"네, 소이의 건강상태나 기능 모두 아무 문제가 없습니다.

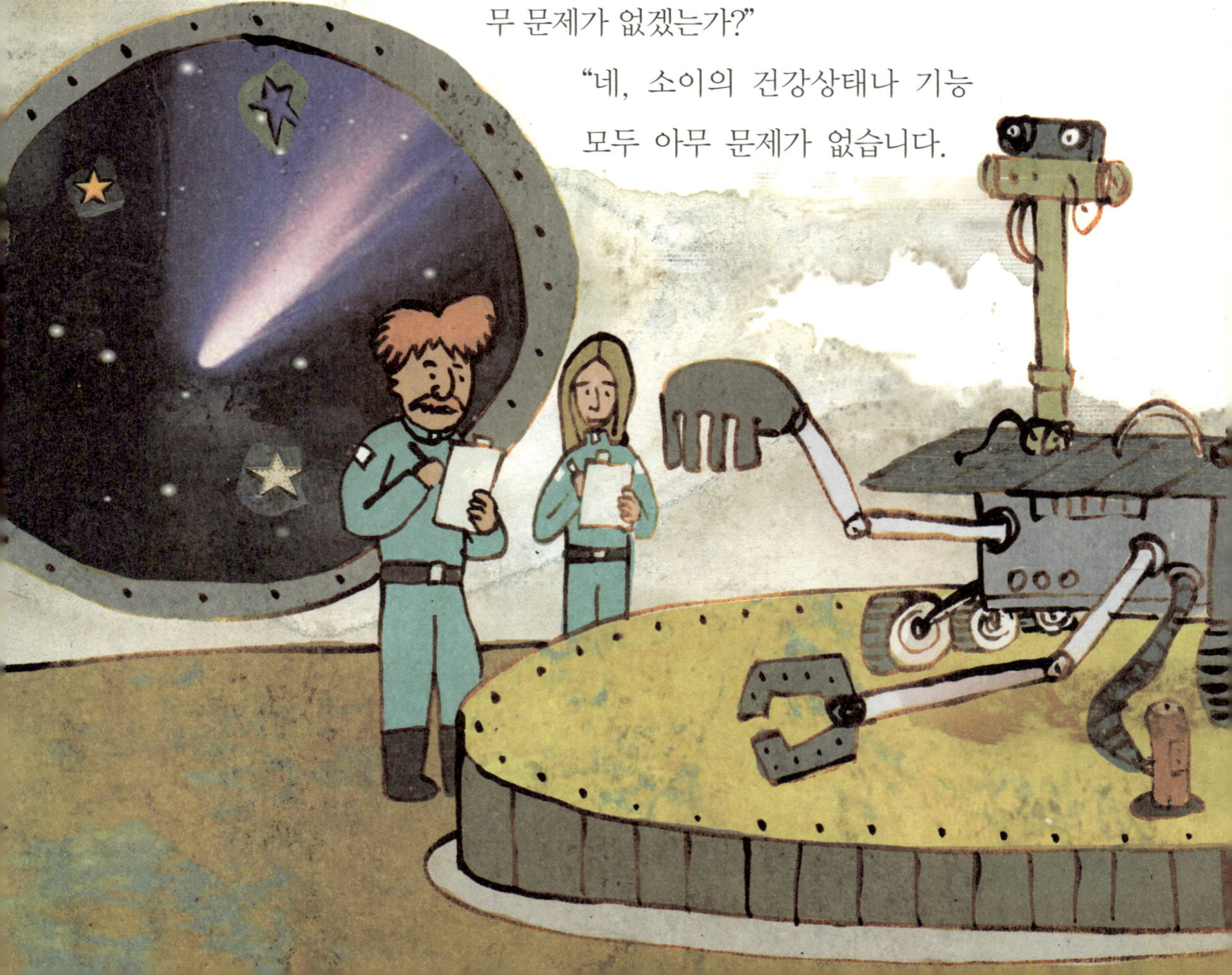

3시간 뒤면 소이를 화성으로 보낼 수 있습니다."

그 말을 들은 가이사르의 얼굴이 조금 밝아졌어요. 오늘 소이를 화성에 보내는 일은 전 세계적으로 화젯거리가 될 만큼 세계의 이목이 집중되는 중요한 일이었지요. 이것은 과학기술의 발전을 보여주는 것이고, 나중에 인간이 화성에서 살 수 있는지를 판가름하는 중요한 과제였지요. 그런 만큼 가이사르도 큰 부담감을 안고 있었어요.

가이사르가 있는 곳은 우주정거장 '메이저707'이에요.

지구 주위를 돌며 행성을 탐사하고, 우주실험을 하는 우주정거장은 수십 년 전부터 여러 개 있어 왔지요. 메이저707은 불과 5년 전에 제작된 비교적 최신형 우주정거장이에요.

가이사르는 팀 회의가 끝난 뒤 잠시 짬을 내 운동을 했어요. 우주는 중력이 거의 없기 때문에 걸어다니는 데 큰 힘이 안 들지만, 그 때문에 점점 근육이 약해져 힘이 없어지거든요. 나중에 지구로 돌아가서 살기 위해 일부러 해두는 거지요.

점심식사를 하기 위해 팀원들이 모두 한 자리에 모였어요. 점심식사는 늘 비슷해요. 고체로 말린 상태로 나오는 것에 물만 부어 먹는 것이기 때문이지요. 영양소는 고루 갖추어져 있지만, 정말 맛없는 음식이어서 매일 먹는 것은 정말 고역이에요. 가이사르는 가끔씩 못 견디게 햄버거와 피자가 먹고 싶었어요. 어쩔 땐 신선한 채소과 과일을 듬뿍 얹은 샐러드를 와삭와삭 씹어 먹는 상상을 하기도 하지요.

"1시간 뒤, 소이가 화성으로 출발할 것입니다. 마지막 점검 상태를 보고해 주세요."

"파노라마 카메라 이상 없음."

"전자회로 보드 이상 없음."

"소형 열 방출계 이상 없음. 열과 진공실험 수행에 이상 없음."

"분광계 이상 없음. 화성의 철 성분 분석 수행할 것임."

"현미경 이상 없음."

팀원들의 보고가 모두 끝났어요. 화성탐사로봇 소이는 지금 최적의 상태예요. 곧 화성으로 날아가 화성의 성분, 철 성분 분석, 사진 등을 보내올 거예요. 가이사르 팀장과 팀원들은 걱정과 설레임, 흥분이 뒤섞인 묘한 감정을 느꼈지요.

지구 시각으로 오후 2시. 드디어 소이가 화성으로 출발했어요. 가이사르는 제 분신을 보내는 것처럼 시원섭섭했지요.

'소이, 네가 가서 임무를 잘 마치거라. 화성으로 가는 네 어깨가 무겁구나.'

우주 개발, 어느 나라가 먼저 시작했을까?

우주개발은 어느 나라가 제일 먼저 시작했을까요? 바로 미국과 구소련이에요. 그 당시, 두 강대국의 치열한 '우주개발경쟁'은 아주 뜨거웠지요. 1957년 10월 4일, 구소련이 먼저 '스푸트니크 1호'를 쏘아 올리며 기선을 제압했어요. 기세가 한풀 꺾이는가 했지만 미국의 반격도 만만치 않았지요. 미국도 곧바로 1958년에 '익스플로러 1호'를 발사했죠. 하지만 오늘날엔 경쟁보단 세계 각국들이 서로 협력하며 우주개발을 하고 있답니다.

스푸트니크 1호

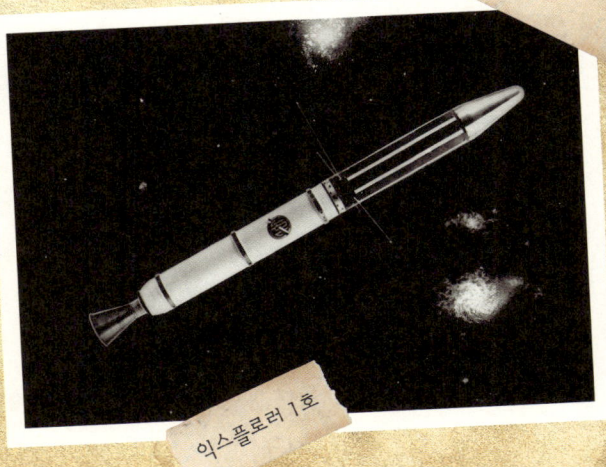

익스플로러 1호

달에 다녀온 사람도 있나요?

닐 암스트롱

달에 다녀온 사람도 있어요. 아폴로 11호를 타고 달에 착륙한 우주인들이죠. 아폴로 11호는 인류 최초로 달에 착륙한 유인 우주선이에요. 아폴로 11호는 1969년 7월 16일에 발사되었으며, 4일 후인 7월 20일 아폴로 11호의 선장 닐 암스트롱과 조종사 올드린은 인류 역사상 최초로 달 표면을 걸었어요. 이 사건은 인간이 지구 바깥의 천체에 발을 처음으로 내딛던 역사적인 순간이지요.

국제우주정거장이 있어!

국제우주정거장(International Space Station, ISS)은 1998년 이후 미국과 러시아를 중심으로 세계 각국이 참여하여 건설 중인 연구시설을 갖춘 다국적 우주정거장이에요. 1986년에 쏘아 올렸던 러시아의 우주정거장 미르(Mir)가 수명이 다하면서 만들게 된 것이지요. 이 정거장은 2010년에 모두 완성돼 적어도 2016년까지 운영할 계획이래요. 2008년 4월, 우리나라 최초의 우주인인 이소연도 이곳에서 머물며 과학실험을 했어요. 이 우주정거장의 중력은 지구 중력의 약 1백만 분의 1정도 밖에 되지 않아 무중력 상태나 다름없대요. 간혹 태양이 두 번 뜨기도 한다니, 정말 지구와는 다른 곳이죠?

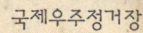
국제우주정거장

우주정거장에도 화장실이 있을까?

우주정거장에도 지구에서 쓰는 것과 같은 화장실이 있을까요? 1961년, 미국 첫 우주인들은 우주복에 붙은 장치로 용무를 봤대요. 하지만 무척 기분 나쁘고 찝찝했겠죠? 그래서 요즘 우주정거장에는 화장실이 따로 있대요. 현재 우주정거장에 설치된 미국의 화장실 WCS는 별도의 작은 방에 마련되어 있고, 쓰레기수거 시스템이 갖추어져 있어서 이것이 용변을 처리한대요. 소변은 원심력을 이용해 액체와 섞이고, 대변은 고체로 바꾸어 출구로 배출한대요.

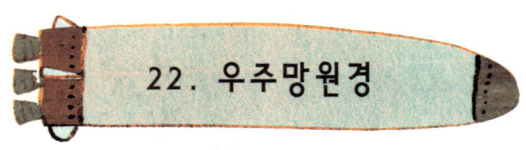

22. 우주망원경

우주를 보는 창

'우주에도 망원경을 매달자. 우주를 관찰하기 위해 갈릴레이가 커다란 망원경을 만들었다면, 우주를 더 자세히 보기 위해 우주에 망원경을 쏘아 올리는 것도 좋은 생각이 아닐까?'

이런 생각으로 출발한 허블우주망원경. 그러나 허블우주망원경이 우주에 가기까지에는 우여곡절이 많았어요.

1929년 허블이 '우주는 가만히 있는 것이 아니라 점점 더 커지고 있다.'는 내용의 '허블의 법칙'을 발표한 뒤, 그동안 받아들여졌던 '우주는 똑같으며, 별끼리 서로 끌어당기는 중력의 힘으로 폭발할 것이다.'라는 생각이 밀려났어요. 이 같은 위대한 발견을 한 허블의 이름을 딴 '허블우주망원경'을 만들려는 생각은 미국인 과학자 라이먼 스피처 박사가 처음 낸 것이지요.

1946년, 스피처 박사는 '우주에도 천문대를 만들자.'는 주장을 펴면서 그 이유를 다음과 같이 설명했지요.

'우주에 천문대를 설치하면 이로운 점이 많다. 무엇보다도 지구 대기권의 영향을 받지 않고 별의 모양을 정확하게 볼 수 있다는 점이다. 그리고 지상천문대에서

찰 칵!

볼 때 대기에 흡수되는 별빛의 적외선, 자외선까지 잡을 수 있다는 점이다.'

그로부터 20년 뒤, 스피처 박사는 미국 국립과학학술원(NAS)이 특별히 마련한 거대우주망원경 위원회의 위원장으로 발탁됐어요. 그러나 허블우주망원경은 탄생부터 심한 진통을 겪었어요. 그동안 우주에 쏘아올린 것과는 비교도 안 될 정도로 큰 우주망원경을 만들어야 했기 때문이지요.

1986년 1월 28일, 전 세계의 눈과 귀는 미 플로리다 케네디 우주센터 상공에 쏠려 있었어요. 우주왕복선 챌린저 호가 발사를 눈앞에 두고 있었거든요. 스피처 박사는 초조하게 발사 장면을 지켜보고 있었어요. 챌린저 호는 허블우주망원경을 싣고 우주로 나갈 계획이었기 때문이에요. 우주천문대를 만들려는 자신의 꿈이 이루어지기 직전이었지요.

챌린저 호가 발사대를 이륙하자, 박사는 조마조마하던 마음이 다소 진정되는 듯했어요. 그런데 불과 73초 후,

챌린저 호는 어마어마한 굉음을 내며 공중에서 폭발해 버렸어요. 스피처 박사의 꿈도 물거품이 되었고, 챌린저 호는 우주로 나가려던 허블우주망원경의 앞길을 가로막는 듯했지요. 그러나 이에 굴하지 않고 박사는 연구를 거듭했어요.

드디어 4년 뒤, 우주왕복선 디스커버리 호가 땅을 박차고 우주로 날아올랐어요. 디스커버리 호의 임무는 우주 공간에 허블우주망원경을 매달고 오는 것이었어요. 간단해 보이지만, 만만치 않은 일이었지요. 버스만한 우주망원경을 지구상공 612km 궤도의 허공에 매달고 오는 것이었거든요. 디스커버리 호는 로봇 팔로 우주망원경을 매달고 단 하루 만에 임무를 마치고 지구로 귀환했어요.

'이제 됐어. 허블우주망원경이 보내 줄 멋진 사진만 받아보면 돼. 이제 새로운 우주시대가 열릴 거야.'

스피처 박사는 너무 기쁜 나머지 감격했어요. 그러나 얼마 뒤, 허블우주망원경이 보내 준 사진은 쓸 만한 것이 없었어요.

'뭔가 잘못된 것 아닐까? 지상천문대에서 보는 사진과 다를 바가 없다니!'

결국 망원경에 단 렌즈가 잘못되었다는 게 판명됐어요. 수많은 세월과 엄청난 비용이 모두 무용지물로 끝날 위기였지요. 결국 망원경을 수리하기로 하고 훈련된 우주인을 보냈어요. 우주 공간에서 망원경을 수리하는 신비한 장면이 연출됐지요. 그 뒤 허블우주망원경은 20여 년간 우리에게 멋진 우주의 모습을 보내주고 있어요.

한 걸 음 더

허블우주망원경을 우주에 매달았어!

우주에 망원경을 매달아 우주공간을 자세히 들여다보려는 인간의 꿈은 이루어졌어요. 1990년 4월 24일, 19년의 제작 기간과 17억 달러라는 어마어마한 비용이 들어간 허블망원경을 지구 궤도에 쏘아 올렸어요. 무게 12.2t, 주거울 지름 2.4m, 총 길이가 약 13m인 이 반사 망원경은 지구 상공 610㎞ 고도의 궤도를 약 97분에 한 번씩 돌면서 천체 관측을 수행하고, 우주의 생생한 영상들을 지구에 보내도록 설계됐지요. 처음에는 초점이 흐린 실망스러운 사진만 전송했지만, 수리한 뒤 뚜렷한 우주영상들을 보내주어 천문학 발전에 큰 도움을 주고 있어요.

허블우주망원경

지구에서 관측이 어려운 걸 볼 수 있어!

우주망원경이란, 허블우주망원경 같이 지구를 벗어나 우주에 설치된 망원경이에요. 그런데 우주에 망원경을 설치하려면 비용도 엄청나고, 수리도 어려울 텐데 왜 설치하는 걸까요? 지구에서 관측하기 어려운 것들을 자세히 관찰하려는 것이지요. 지구는 대기라고 하는 엷은 기체의 막으로 둘러싸여 있어 우주를 연구하기에는 그만큼 어려워요. 우주망원경은 이 같은 장애를 극복할 수 있어요. 우주망원경에는 허블우주망원경 외에도 찬드라와 같은 X선망원경, 그리고 적외선망원경인 스피처망원경 등도 있어요.

새 우주망원경, 제임스 웹도 있어!

2010년, 미국항공우주국(NASA)이 차세대 우주망원경인 '제임스 웹'을 공개했어요. 제임스 웹은 오는 2014년 수명을 다하는 허블을 대신해 우주 관측의 새 역사를 열어 줄 것으로 여겨져요. 허블망원경이 버스 1대 크기라면, 제임스 웹은 길이 22m, 너비 12m로 테니스 코트만한 크기예요.

제임스 웹

또 제임스 웹은 지구에서 무려 150만km떨어진 곳에서 우주를 관측하게 되는데, 허블은 지상 위 568km 상공을 떠돌아요. 반사경의 직경 역시 제임스 웹은 허블(2.4m)의 3배 정도 크기인 6.5m에 이르며, 반사경의 면적은 허블에 비해 10배 가까이 커졌어요.

은하 탐사 망원경, 갤렉스

우주에는 허블망원경 말고도 많은 망원경들과 위성들이 우주 관측을 위해 떠 있어요. 갤렉스 위성도 그중 하나죠. 2003년 4월에 발사된 갤렉스는 자외선을 이용하여 우주를 관측하지요. 이 위성은 우리나라 연구원들이 미국, 프랑스 연구진과 함께 심혈을 기울여 만든 망원경이에요. 최근 1억 년~10억 년 전 태어난 수십 개 은하들까지 발견하며 그 가치를 인정받았어요.

갤렉스

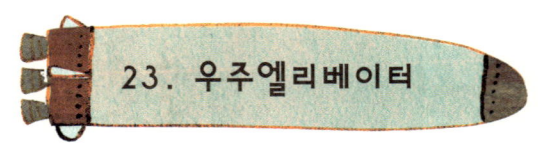

23. 우주엘리베이터

우주로 간 검은 고양이

검은 고양이 네로는 뚱뚱보 동네 고양이들의 공격을 피해 요리조리 잽싸게 도망쳤어요. 거대한 체구에서 어찌 그리 재빠른 몸동작이 나오는지, 네로는 도망치느라 진땀을 흘렸어요.

그런데 이런, 추격을 따돌렸다고 생각했는데 뚱보 대장 제트의 뚱뚱한 몸집이 눈앞에 보였어요. 새파랗게 질린 네로는 급히 열린 문으로 들어갔어요.

'후유, 겨우 제트의 추적을 따돌렸어. 제트한테 붙잡혔으면 큰일 날 뻔했어.'

한숨 돌린 네로는 그때서야 자기가 피신한 공간을 살펴보았어요. 아무리 봐도 이상한 곳이에요. 인간들의 엘리베이터 같은데, 무척이나 거대하고 어마어마해서 아찔할 정도였어요. 호기심이 생긴 네로가 벽을 타고 올라가 이리저리 살펴보고 다시 내려오다가 한쪽 발로 버튼을 눌렀지 뭐예요.

'아뿔싸, 엘리베이터가 움직이네! 이걸 어쩌지.'

당황한 네로는 다시 다른 버튼들을 연달아 눌렀어요. 그러나 이미 가동된 엘리베이터는 속력을 더 높일 뿐이었어요.

'저건 늘 하
늘에서 보던
달의 모습
인데! 도대체
난 어디로 가고 있
는 거지?'
　네로는 하마터면
오줌을 쌀 뻔했어
요. 자기가 어디로 가
고 있는지 알 수 없어 안절

부절, 가만히 있지도 못하고 계속 제자리를 빙빙 돌았지요.

한순간 뜨거운 빛에 눈이 부셔서 고개를 몸에 처박기도 했지요.

'저게 태양인가 봐. 이렇게 크고 거대하다니! 마치 이글이글 불타고 있는 것 같아. 저기에 더 가까이 가면 온몸이 단숨에 불타버릴 것 같아.'

네로는 태양을 벗어난 뒤부터는 엘리베이터 창문에 달라붙어 밖의 광경을 내다보느라 넋을 잃었어요. 세상에 어느 고양이가 우주여행을 해보겠어요? 비록 심술쟁이 제트 덕분에 하는 여행이긴 했지만요.

암흑 같이 어두운 공간에 수많은 둥근 별들이 빙글빙글 돌고 있었어요. 고리를 가진 별, 푸른 별, 희미한 별, 유난히 반짝거리는 별. 게다가 폭죽놀이처럼 펑펑 터지며 돌고 있는 별의 무리도 있었지요. 커다란 돌덩이 같은 것들이나 먼지 같은 것들이 떠돌다가 엘리베이터를 향해 날아오기도 했어요. 겁에 질린 네로는 비명을 지르며 얼굴을 바닥에 파묻었지만, 다행히 아무 일도 일어나지 않았어요.

난생 처음 보는 신기한 광경에 네로는 배고픈 것도, 무서운 것도 모두 잊을 수 있었어요. 우주쇼를 보는 것 같은 황홀함을 느꼈지요. 붉은 레이저 빛이 네로를 따라 움직이더니 엘리베이터 문이 열렸어요. 스르르 열린 문에 서 있는 두 사람이 보였어요. 그들은 비명을 지르며 이렇게 말했어요.

"지저분한 도둑고양이가 우주엘리베이터에 탔어. 비상이야, 비상!"

우주엘리베이터는 무엇일까?

엘리베이터가 사람이 타거나 물건을 싣고 건물이나 빌딩 안을 오르내리는 승강기라면, 우주엘리베이터는 우주로 가는 승강기를 말해요. 1895년 러시아 과학자 콘스타닌 치올코프스키가 프랑스의 에펠탑을 보고 '우주까지 엘리베이터로 연결하면 어떨까?'라며 처음 우주엘리베이터를 생각해냈어요. 그 뒤, 2008년 9월 일본에서는 과학자 100여 명이 모여 일본우주엘리베이터협회(JSEA)를 만들었고, 미국의 리프트포트그룹은 뉴저지 주에 우주엘리베이터용 탄소 나노튜브 제작 공장을 짓고 있어요. 우주로 가는 엘리베이터가 있으면 정말 편리하겠죠?

우주엘리베이터

엘리베이터를 타고 우주로 가자, 뿅!

현재 미국항공우주국(NASA)에서는 우주엘리베이터를 개발 중이에요. 우주엘리베이터 개발이 성공하려면 '탄소 나노튜브'를 만들어야 해요. 이것은 지상에서 우주까지 엘리베이터를 오르내릴 3만~10만여㎞의 줄의 소재로, 탄소나노튜브는 강철보다 80% 가볍고, 외부 압력에 견디는 힘은 100배 센 것으로 알려졌어요. 만약 엘리베이터 줄이 만들어진다면 우주엘리베이터가 만들어지는 것도 시간문제래요. 승강기 전문가들은 10~50년 뒤면 우주엘리베이터를 완성할 수 있을 것으로 봐요.

우주엘리베이터가 있으면 좋은 이유

우주엘리베이터가 만들어지면 로켓을 쏘지 않아도 인공위성을 대기에 올려놓을 수 있어요. 그러면 막대한 비용이 드는 로켓을 만들지 않아도 되죠. 또 우주엘리베이터 수송비용은 로켓에 비해 싼 편이지요. 로켓으로 화물을 실어 나를 경우 kg당 1만 1,000달러(약 1,300만 원)가 들지만, 우주엘리베이터로는 220달러(26만 원) 밖에 안 들어요. 한 번에 로켓이 20t을 옮긴다면, 우주엘리베이터는 1,000t까지 실어 나를 수 있어요. 우주엘리베이터가 초대형화되면 우주정거장과 이어질 수 있을 거라는 핑크빛 전망도 나와요. 우주엘리베이터가 만들어진다면 우주관광도 훨씬 싼 값으로 할 수 있겠죠?

탄소 나노튜브는 무엇일까요?

탄소 나노튜브는 6개의 탄소가 6각형의 고리모양으로 연결되어 긴 빨대 모양을 이루는 물질을 말해요. 크기는 우리 눈으로 볼 수 없을 만큼 작아서 실험실 현미경으로 보아야 잘 볼 수 있답니다.

탄소 나노튜브가 세상에 처음 알려진 것은 1991년, 일본의 한 연구소에서 이지마 박사가 전자현미경으로 어떠한 물질을 들여다보다가 우연히 이 분자를 발견하게 되었어요.

탄소 나노튜브는 양쪽으로 당겨지는 힘이 강철보다 100배 이상 강하고, 속이 비어있어 매우 가벼우며 구리만큼 전기도 잘 통하는 뛰어난 미래형 신소재예요.

벌집모양의 육각형들이 도르르 말려있는 탄소 나노튜브만 있으면 우주엘리베이터도 곧 만들어질 수 있겠죠?

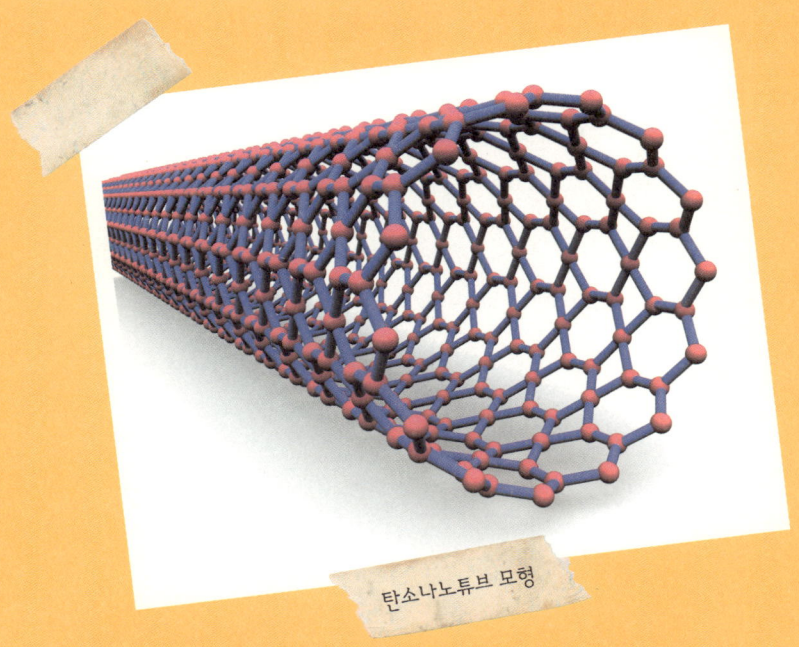

탄소나노튜브 모형

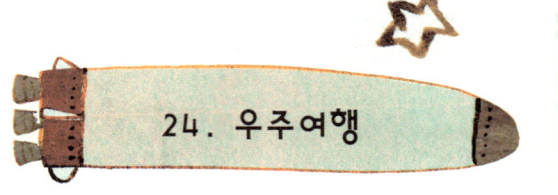

10달러짜리 우주여행

"엄마, 이것 좀 보세요! 우리가 우주여행에 당첨됐어요. 이얏호!"

수진이는 우니스타 항공사에서 온 편지를 뜯어보곤 환호성을 지르며 집안으로 뛰어들어 왔어요. 한 달 전 응모한 항공사 이벤트인 '가족 우주여행'에 당첨된 거예요.

"그게 무슨 소리니? 당첨됐다니?"

엄마는 수진이의 함성에 놀라 현관으로 뛰어나왔다가 자초지종을 듣곤 놀란 가슴을 진정시키지 못했어요. 우주여행은 너무 비싼 가격이라 꿈도 못 꾼 일이었기 때문이에요.

"단돈 10달러로 우주여행을!"

"지구는 너무 좁아, 우주에서 놀아요!"

수진이는 인터넷에서 이 같은 광고를 보고 얼른 응모글을 보냈지요. '우주여행'이 꿈이었지만, 1박 2일 우주여행에 드는 비용은 10억이나 되었거든요. 웬만한 부자가 아니고는 꿈도 못 꿀 일이었지요.

얼마 뒤, 수진이네 가족은 우주적응훈련을 하기 위해서 항공사로 찾아갔어요. 우주적응훈련 동안 수진이 얼굴에서는 함박웃음이 떠

나지 않았어요.

수진이네 가족 일행을 태운 로켓 '제오로드'가
하늘로 발사됐어요.

건물들이 점점 작아지더니 어느 순간 코발트빛 지구의 모습이 보
였어요. 그 모습이 너무 아름다워 수진이는 아무 말도 할 수 없었어
요. 어젯밤 보았던 달이 손에 잡힐 듯 가깝게 보여 손을 뻗어보았어
요. 더 멀리 나아가자 태양을 둘러싼 행성들의 자태가 눈에 들어왔
어요. 태양은 너무 눈이 부셔 특수 안경이 없었다면 감히 쳐다보지
도 못했을 거예요.

이글이글 불타는 태양을 둘러 싼 여러 가지 별들이 보였어
요. 태양 옆 수성, 샛별 금성, 큼지막한 목성, 붉은 화
성, 띠를 두른 토성, 푸른 별 해왕성.

"잠시 뒤 우주정거장에 도착하겠습니다. 우주정
거장에서 연료를 넣은 뒤, 신비한 블랙홀 체험을
떠나겠습니다. 블랙홀에 빨려들 때 인체에 충
격이 가해질 수 있으므로 각별히 주의해 주
시기 바랍니다."

우주선 선장의 안내방송이 흘러나왔어요.

블랙홀 체험을 떠난다는 말에 수진이의 가슴은 두근거렸어요. 걱정 반, 기대 반, 무시무시한 블랙홀을 잘 통과할 수 있을지 걱정도 되었지요.

새까만 우주 공간에 꽈배기 모양의 끝없이 긴 레일이 보였어요. 이곳이 바로 우주정거장인가 봐요. 수진이는 눈을 크게 뜨고 샅샅이 살펴보았지요. 제오로드 말고도 십여 대의 로켓이 연료를 공급받고 있었어요.

연료를 넣은 제오로드는 순식간에 날아오르더니 블랙홀을 향해 출발했어요. 하늘에 촘촘히 박혀있는 것 같던 별들이 모두 숨어버린 것처럼 칠흑같이 어두운 공간이 이어지더니 제오로드가 자석으로 잡아당긴 것처럼 빨려드는 거예요.

수진이는 그 아찔한 속도감에 머리가 어찔했지요. 제오로드는 빙빙 돌다가 그대로 빨려들었어요. 잠시 정신을 잃었던 것 같아요.

눈을 뜬 수진이는 앞에 보이는 광경에 자신도 모르게 탄성을 질렀어요. 거기엔 새로운 우주가 펼쳐져 있었어요. 고요하면서도 신비롭고, 말로 나타낼 수 없을 정도로 황홀한 광경이었지요.

'우주가 이처럼 광활하고 멋진 곳이라니! 지구는 이 넓은 우주 안에서 한낱 점에 지나지 않겠네.'

수진이는 뭔지 모르게 장엄한 광경에 압도되어 할 말을 잃었지만, 깨달음을 얻은 것 같았어요.

우주여행의 꿈 이룰 수 있을까?

지구 밖으로 나가는 우주여행의 꿈은 인간이 달을 밟으면서 실제로 갈 수 있다는 걸 증명했지요. 지금도 돈만 있으면, 우주여행은 할 수 있어요. 하지만 불과 2~3일의 우주여행 비용으로 몇 억을 낼 수 있는 사람은 그리 많지 않겠지요? '우주호텔을 짓겠다, 우주여행 비용을 낮추겠다.'는 회사들이 등장하면서 일반인들도 우주여행을 할 수 있는 문이 넓어졌지만, 아직도 그 비용은 너무 비싸요. 언제쯤이면 일반인들도 자유롭게 우주여행을 하는 때가 올까요? 민간 기업들이 우주여행 상품을 내놓기 위해 개발을 서두르지만, 가까운 미래에 저렴한 가격으로 일반인들이 우주여행을 하는 건 어려울 것 같아요.

우주여행

우주호텔을 만든대!

2010년, 러시아 민간 우주산업체인 '어비틀 테크놀러지스(Orbital Technologies)'는 오는 2016년까지 우주 공간에 호텔을 포함한 '상업 우주 정거장'을 건립할 계획이라고 밝혔어요. 우주호텔에는 총 7개의 방이 만들어지고, 우주여행자나 우주연구자들을 손님으로 받을 생각이래요. 지금까지 우주여행자들은 비싼 돈을 내고서도 우주정거장에서 다른 우주인들과 함께 섞여 지내는 불편을 감수해야 했지만, 우주호텔 여행객들은 개인적인 공간에서 자유롭게 지낼 수 있다고 해요. 영국의 민간 기업인 버진 그룹도 우주호텔 구상을 발표하는 등 머지않은 미래에 우주호텔이 생길 가능성이 커요.

우주호텔

우주여행 티켓이 20만 달러!

곧 우주 관광 시대가 열릴지도 몰라요. 영국의 버진 갤럭틱 사가 우주여행 상품을 내놓을 계획을 발표했거든요. 우주여행 상품에 투입될 기종은 항공기 엔지니어 버트 루탄이 제작한 6인승 저궤도 우주선 스페이스십2예요. 우주선 왕복 티켓 가격은 최소 20만 달러(2억 3천만 원). 버진 갤럭틱은 이미 330명의 예약손님을 받았다고 해요. 우주여행 모선인 화이트 나이트2로 스페이스십2를 고도 16km 지점까지 운반한 후, 거기서부터 스페이스십2가 우주로 나아간다는 거죠. 저궤도에 도달한 뒤, 관광객들은 우주선 창을 통해 지구를 내려다보거나 안전벨트를 풀고 무중력 상태를 즐길 수 있대요. 달 여행 셔틀 우주선이 경유하는 우주호텔도 만들 계획이래요.

스페이스십2 우주선

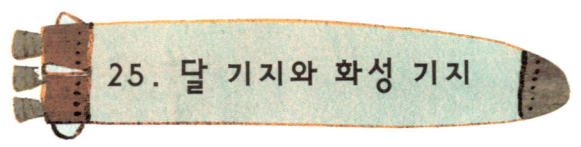

25. 달 기지와 화성 기지

화성행 티켓

조애나는 아들 제이의 손을 꼭 잡았어요.

화성 이민을 떠나는 인원이 워낙 많아서 자칫 아들을 잃어버릴까 봐 두려웠어요.

2년 전, 처음 화성 이민이 시작됐을 때는 가겠다는 사람이 별로 없어 갖은 혜택을 누릴 수 있었지요. 그러나 화성에 가서 잘 사는 사람들의 소식이 빗발치자, 너도나도 가겠다고 극성이라서 이젠 이민 심사도 무척 까다로워졌어요.

조애나가 이민 대열에 합류하려고 마음먹은 것은 6개월 전이었어요. 사실 제이와 단둘이 살고, 우주공학자란 직업이 없었다면 화성으로 가는 일은 꿈결에서나 가능했겠지요.

　　"엄마, 우리 지구에서 살면 안돼요?"

　　학교 친구들과 헤어지는 게 싫었던 제이는 지난 한 달 동안 이 같은 말을 입에 달고 살았어요. 그러나 조애나는 그 때마다 단호하게 아들의 말을 잘랐어요. 지구는 이미 포화상태였지요. 지구의 인구는 날마다 늘었어요. 게다가 조애나와 같이 우주공학자인 사람들은 지구보다 화성에서 할 일이 더 많았어요.

　　"여기가 화성이에요? 우리가 정말 화성에 도착한 거예요?"

　　늘 사진으로만 보던 곳에 실제 온 것이 신기했던 제이가 이렇게 물었어요. 화성은 '제2의 지구' 같았지요. 아니 제2의 지구 화성은 더 화려하고 눈부셨어요.

　　'번쩍거리는 투명 도시'라는 말이 어울렸어요. 사람들이 사는 집은 아주 넓고 큰데다 으리으리한 궁전 같았지요. 우주선을 내린 공항은 첨단기술의 집합소 같았어요. 두 사람이 도착하자, 공기방울 같은 비행선이 출현해 빛의 속도로 날았지요. 그 안에서 내다본 화성의 풍경은 진귀했어요. 으리으리한 집들이 아라비아 궁전처럼 서 있었고, 학교도 빌딩들도 모두 막 닦은 유리창처럼 투명하고 반짝거렸어요. 제이의 눈이 놀라 휘둥그레졌어요.

"엄마, 진짜 이게 우리 집이에요? 정말 멋있어요! 궁전 같아."

집안의 이동수단인 제트를 타고 다니던 제이는 눈을 빛내면서 이렇게 말했어요. 제트는 구름덩어리 같은 몽글몽글한 재료로 만든 실내용 자가용이에요. 공간이 좁은 지구에서는 상상도 못할 기구지요.

공간을 따라 움직이는 스크린이 화성 곳곳을 비춰주었어요. 제이는 그 중에서 나타났다가 사라지는 놀이터를 가장 흥미있게 지켜봤어요. 아이들이 모이면 나타나는 놀이터는 구슬 미끄럼틀과 올라타기 분수 등 신나는 것들이 정말 많았거든요.

"엄마, 나 저기 가면 안돼요?"

여행의 피로도 싹 가신 듯 제이는 엄마를 졸랐어요.

"제이, 오늘은 화성에 온 첫날이잖니? 우리 며칠 있다가 가자. 그땐 꼭 데리고 가마."

엄마의 말에 제이는 뽀루퉁한 표정을 지었지만, 조애나는 내심 흐뭇했어요. 화성행 티켓을 손에 쥔 날부터 줄곧 울적하던 아들 얼굴에 함박웃음과 기대감이 가득했기 때문이지요.

"엄마, 화성에 오길 잘한 것 같아요. 진작 엄마 말을 들을걸 그랬어요."

제이는 잠꼬대처럼 중얼거렸어요.

화성탐사는 왜 하는 걸까?

오랫동안 사람들은 화성에 생명체가 살고 있을지도 모른다는 생각을 해왔어요. 여러 행성 중에 지구에서 가장 가깝고 지구와 가장 비슷한 환경이기 때문이지요. 사실 수십억 년 전에 화성은 지구와 별 차이 없는 행성이었을지도 몰라요. 많은 과학자들이 화성에 강이나 얕지만 바다가 있었다는 증거를 찾았으니까요. 그 같은 연구결과를 바탕으로 최근 많은 탐사선들이 화성으로 향하고 있어요. 혹시 있을지도 모를 생명체의 흔적을 발견하거나 화성에 기지를 건설하는 것이 가능한지를 조사하는 것이지요.

화성에 고인 물

화성 탐사 로봇들이 있어!

십여 년 동안 세계 여러 나라에서는 화성에 탐사선이나 탐사로봇을 보냈어요. 우주는 온도가 영상 100℃에서 영하 100℃까지 오르내려요. 또 중력도 없고, 방사선도 많아서 인간이 활동하는 것이 어려우므로 사람 대신 로봇을 보내 화성을 돌아다니며 흙이나 기후, 대기 상태 등을 탐색하는 거지요. 1997년 소저너, 2003년과 2004년 화성에 간 쌍둥이 스피릿과 오퍼튜니티 모두 화성에 간 로봇들이에요. 이 로봇들은 화성을 다니며 찍은 사진이나 정보를 지구에 보내주고 있어요. 하지만 이 바퀴달린 로봇들은 활동이 불편한데다 고장이 잦았어요. 그래서 과학자들은 발로 뛰는 로봇이나 장애물을 뛰어넘는 로봇을 만들어 화성에 보낼 계획이에요.

화성에 간 로봇

화성에 이민 가는 것이 가능할까?

　지구인들의 화성 사랑은 오늘도 변함없어요. 화성은 거리상으로도 지구와 가장 가깝고, 자연환경도 태양계 행성중 지구와 가장 비슷해 인류의 이민 행성으로 가장 적합한 것으로 알려져 있어요. 하지만 화성에는 먼지 폭풍과 유성비 등 자연조건이 가혹해 이처럼 탐사선 등이 착륙하는데도 많은 곤란을 겪었어요. 또 영하 120℃까지 내려가는 추위, 희박한 산소는 물론 물도 없어서 사람이 살기에는 무척 힘들어요. 단열장치와 특수 장비가 갖춰진 곳에서 우주복을 입고 생활한다면 살 수도 있겠지만, 일상생활을 하기에는 어렵겠지요? 하지만 먼지와 유성비 등 몇 가지 문제를 해결한다면 먼 미래에는 화성 이민이 가능할지도 몰라요.

붉은 화성

26. 또 다른 지구를 찾아서

제2의 지구

세컨드어스는 서서히 지구를 벗어났어요.

바로 아래 발밑으로 푸른 지구의 모습이 보이자 가슴이 설레고 지구를 벗어났다는 실감이 났어요.

우주로 떠난 세컨드어스는 '제2의 지구'를 찾아 나선 선발대예요. 팀장 조나단은 우주과학자이며 특수비행훈련을 받은 우주인이지요. 팀장 조나단을 포함해 총 4명의 우주인이 세컨드어스에 타고 있었어요.

이들은 제2의 지구와 같은 조건으로 여겨지는 글리저 행성으로 가는 길이에요. 얼마 전, 지구의 과학자들은 오랜 우주 관찰 끝에 지구와 비슷한 조건으로 보이는 글리저 행성을 발견했어요. 글리저는 지

구처럼 푸르른 행성으로,
태양 둘레를 지구보다 더 빠르게
돌고 있었어요. 질량은 지구의 서너 배
로 여겨져요. 그렇다면 대기도 있지 않을까
요?

세컨드어스는 글리저 행성에 과연 지구와 같은 암석이나 땅이 있
는지, 바다나 호수가 있는지, 대기가 정말 있는 건지, 온도나 기후조
건은 어떤지를 직접 살피기 위해 보내진 거예요. 제2의 지구를 찾는
사람들의 바람에 들어맞을지 조사하는 거지요.

글리저 행성에 도착하는 데 걸리는 시간은 이틀. 조나단은 팀원들
이 행성에 도착하기까지 잘 생활할 수 있도록 준비상황을 점검했어
요.

이틀 뒤, 글리저 행성이 눈앞에 보였어요. 푸른빛을 띠는 겉모습
은 지구와 정말 똑같았어요. 드문드문 보이는 파란 빛깔은 바다로
여겨졌지요. 조나단은 가슴이 두근거리는 걸 느꼈어요.

"여기는 세컨드어스, 글리저 행성이 육안으로 보인다. 푸른빛을
띠고 있는 모습은 정말 지구와 흡사하다. 내 말이 들리는가? 3분 뒤
행성에 착륙하겠다."

세컨드어스는 이미 글리저 행성에 내릴 준비를 마쳤어요. 행성 안으로 들어서자, 지구의 대기권 같은 기운이 감도는 것을 느꼈어요. 길게 뻗은 로봇 팔에 붙은 센서가 대강이나마 글리저 행성의 견적을 추정해 내었지요.

"우리는 글리저 행성의 중심부로 향하고 있습니다. 현재 대기권을 통과하고 있습니다. 현재 온도는 영하 10도로 추정되고, 중심부로 향할수록 온도는 더 높아질 것으로 보입니다."

"좋았어!"

지구 밖의 또 다른 지구, 또 다른 지적 생명체를 찾는 지구인들의 염원은 오랜 세월 가져왔던 꿈이었지요. 세컨드어스가 글리저 행성에서 다른 지구를 발견하고, 새로운 생명체를 찾는다면 지구인들에게 커다란 실마리를 제공하게 될 거예요. 그리고 조나단 팀장과 팀원들은 영웅이 되겠지요.

"현재 글리저 행성의 중심부로 향하고 있습니다. 약 1분 30초 후, 행성의 중심부인 암석지대에 안전하게 자리할 것입니다. 현재 온도는 섭씨 2도입니다."

글리저 행성의 중심부로 들어설수록 온도가 점점 올라가는 거예요.

'그래, 바로 여기야. 중심부로 들어갈수록 온도가 높아지는 것으로 보아, 지구와 다름없군. 이곳에 오길 정말 잘했어.'

조나단은 냉철한 과학자의 이성을 되찾으려고 안간힘을 썼어요. 하지만 점점 기대감이 부풀어 오르고, 정말 '제2의 지구'를 찾은 거란 확신에 가슴이 벅찼어요.

제2의 지구, 과연 있을까?

2010년, 과학자들은 지구로부터 20광년 떨어진 곳에서 생명체가 존재하기에 적당한 조건을 갖춘 '글리제(Gliese) 581g' 행성을 발견했어요. 이 행성은 태양과 적당한 거리에 있어서 물의 온도도 너무 차갑거나 뜨겁지 않대요. 또한 지구처럼 중력이 존재해서 인간들이 걷는 데 큰 불편함이 없을 거라고 해요. 과학자들은 지금까지 약 400여 개의 외부 행성들을 발견했는데, 그중에서 '글리제 581g' 행성이 생명체가 존재할 가능성이 있는 최초의 행성이자 지구와 가장 닮은 외부 행성이래요. 과연 이 행성에 생명체가 살까요? 만약 산다면 어떤 모습일까요?

글리제 581

26

지구온난화, 자원고갈 문제 해결사?

얼마 전 오바마 미국 대통령은 2030년대 중반까지 우주인을 화성에 보내겠다는 유인 우주 탐사 계획을 발표했어요. 화성에 무인탐사선과 로봇을 보낸 것은 수십 년 전부터 이뤄지고 있으나 사람이 직접 가지는 못했지요. 사람이 직접 가서 화성이 '제2의 지구'가 될 수 있는지 눈으로 보겠다는 거지요. 화성을 비롯해 여러 행성들을 찾는 이유는 지구온난화와 인구의 급속한 증가, 자원고갈 등 지구의 고질적인 문제를 해결할 방법으로 '다른 행성 이민'이 손꼽히기 때문이에요. 과연 수십 년 안에 지구와 비슷하고 사람이 살만한 조건을 갖춘 행성을 찾을 수 있을까요?

지구온난화로
살 곳을 잃어가고
있어요.

북극곰

지구와 닮은 행성을 찾아서

넓은 태양계 너머에는 무한한 가능성이 펼쳐진 미지의 세계가 있어요. 언젠가 이곳 어디선가 '제2의 지구'를 찾게 될 지도 몰라요. 사실 태양은 우리 은하계를 구성하는 2,000억 개의 항성 중 단 하나에 불과하니까요. 다른 항성들 중에 태양처럼 여러 행성을 거느린 별들이 있을 거예요. 이것들을 찾는 것이 우리의 미래 과제예요. 다만 태양계 행성들 중 지구와 비슷한 조건의 행성이 화성 말고는 하나도 없는 것을 볼 때, 제2의 지구를 찾는 일은 쉽지 않겠지요. 얼마 전 지구와 환경이 거의 같다는 글리제 581g를 찾은 걸 보면, 아주 꿈같은 일만은 아닐지도 몰라요.

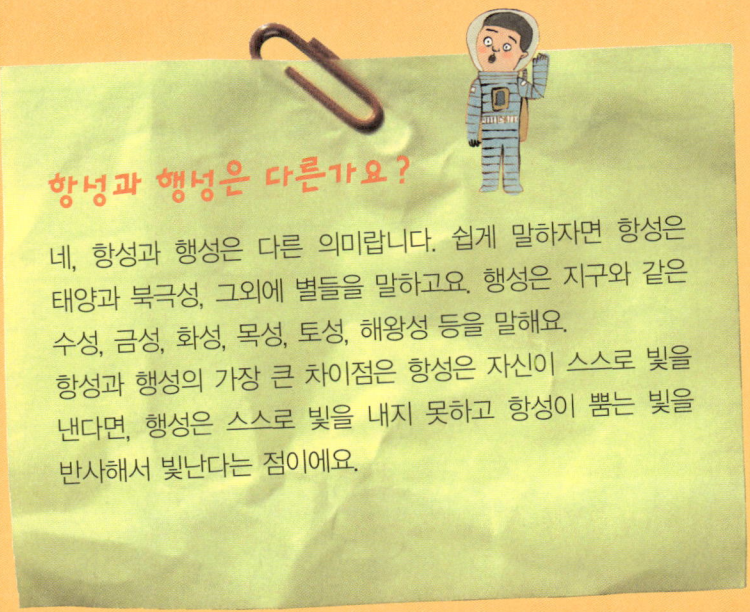

항성과 행성은 다른가요?

네, 항성과 행성은 다른 의미랍니다. 쉽게 말하자면 항성은 태양과 북극성, 그외에 별들을 말하고요. 행성은 지구와 같은 수성, 금성, 화성, 목성, 토성, 해왕성 등을 말해요.
항성과 행성의 가장 큰 차이점은 항성은 자신이 스스로 빛을 낸다면, 행성은 스스로 빛을 내지 못하고 항성이 뿜는 빛을 반사해서 빛난다는 점이에요.

우주 쓰레기 청소 대작전!

서기 2035년, 지구 하늘 위를 나는 번쩍이는 섬광이 보였어요. 섬광은 밝고 붉은 빛을 서너 번 내뿜더니 순식간에 사라졌어요. 그것은 30초 뒤, 우주 공간에서 모습을 드러냈어요. 그 안에 타고 있던 제이타는 한숨을 내쉬었어요.

'그새 우주 쓰레기가 더 늘었군. 이걸 치우려면 시간이 꽤 걸리겠는걸.'

제이타가 타고 있는 비행선은 우주 쓰레기를 치우는 작업을 하는 것이에요. 우주 쓰레기 청소회사 '말끔청소'는 최근 인기 회사로 떠올랐지요. 지구에서 로켓을 처음 쏘아올린 뒤, 앞 다투어 우주개발에 열을 올리는 바람에 지구 밖 우주를 떠도는 인공위성과 로켓 등으로 지저분했거든요.

제이타가 타고 있는 작업용 우주선은 빠른 속도로 우주 공간을 날아다녔어요. 순간이동이나 지그재그 비행, 직각비행을 모두 할 수 있는 소형 우주선이지요. 타고 있는 직원은 제이타 한 명뿐이에요. 혼자서도 상당히 많은 분량의 우주 쓰레기를 처리할 수 있기 때문이에요. 우주선은 고도의 기술력이 총동원된 아이디어의 집합장이지요.

"우주 쓰레기를 모을 그물
을 펼치겠습니다. 1시간 동안 그
물에 모으는 작업을
할 것입니다. 그물
에 다 모아지면
대기권으로 가져
가겠습니다."

우주 쓰레기를 다 모으면 대
기권으로 가지고 들어가면서 뜨거
운 열에 불태우는 거지요.

'작업 착수. 쓰레기 그물
로 우주 쓰레기를 모으고 있습니
다. 1시간 작업이면 약 2,400톤
의 우주 쓰레기를 모을 수 있
을 것으로 기대됩니다. 작업
이 끝난 뒤 다시 메시지를
보내겠습니다.'

제이타가 전송한 메시
지는 지구에 있는 '말끔청
소' 본사로 전해졌어요. 다
음 작업은 우주 안개 분무기를
사용하는 거예요. 우주 공간에 넓

게 안개를 뿌려 물체를 냉동시키는 것이지요. 우주 쓰레기를 얼려 지금 있는 자리에서 다른 곳으로 움직이게 하는 거예요. 가끔 냉동된 우주 쓰레기들이 블랙홀로 빨려들기도 해요.

처음 우주 안개 분무기를 뿌린 뒤 블랙홀로 빨려드는 쓰레기를 본 제이타는 입을 떡 벌렸지요. 하지만 그 같은 감동도 잠시였어요. 어느 정도 일이 손에 익자, 늘 하는 일이라 지루했지요. 하지만 아들 조니는 그 같은 광경이 신기한지 찍어서 보내달라고 조르곤 했지요. 오늘도 아들과 약속을 지키려고 제이타는 눈을 부릅떴어요. 지루한 작업에 하품이 났지만, 약속은 약속이니까요.

우주 안개 분무기가 우주 공간에 안개를 뿜어냈어요. 시커먼 우주 공간에 희뿌연 안개가 뒤덮었지요. 안개는 넓게 퍼지면서 우주 쓰레기들을 조금씩 집어삼켰어요. 급속냉동된 우주 쓰레기들은 원래 있던 자리에서 다른 곳으로 움직이기 시작했지요. 그 중 비교적 가벼운 물체들은 빠른 속도로 날아가는 것이 보였지요. 우주선 안에 설치한 특수촬영장비가 물체들의 움직임을 포착해 재빠르게 동영상을 찍었어요. 조니는 집에서 실시간으로 이 동영상을 볼 수 있을 거예요.

'아빠, 화려한 우주쇼를 보는 거 같아요! 정말 멋져요!'

제이타의 호출기에 빨간 레이저 불빛이 들어오면서 조니의 메시지가 도착했어요. 아들의 호들갑스런 문자에 제이타의 얼굴에 처음으로 방긋 미소가 떠올랐어요.

하늘에 떠 있는 인공위성들이 아주 많아!

우리 눈으론 안 보이지만, 실제로 우주 공간에는 지구에서 쏘아 올린 인공위성들이 수없이 많아요. 우주탐구용, 군사용, 통신용, 기상관측용 등 셀 수 없이 많은 다양한 목적의 인공위성들이 떠 있어요. 1957년, 소련의 첫 번째 인공위성인 스푸트니크 1호가 발사됐고, 1992년 8월 우리나라에서도 '우리별 1호'가 우주 공간으로 떠났지요. 현재 공식적으로는 3,000여 개가 넘는 인공위성과 6,000여 개가 넘는 우주 쓰레기가 지구 상공을 따라 돌고 있대요. 이 인공위성들은 우리의 눈과 귀 역할을 대신하지만, 수명이 다하면 우주 쓰레기로 남는답니다.

우주를 떠도는
인공위성들

27

우주 쓰레기는 골칫덩이야!

실제로 지구를 따라 선회하는 인공위성들은 3,000여 개가 훨씬 넘을 것으로 보여요. 미국과 러시아가 스파이 위성을 몰래 발사하는 경우도 있어서 정확한 숫자는 더욱 알기 어렵지요. 그렇지만 한 가지 사실만은 분명해요. 과학 기술이 발전하면서 인공위성을 띄우는 나라들이 점점 더 많아져서 우주 쓰레기는 더욱 늘어날 거예요. 그런데 우주 쓰레기는 왜 문제가 될까요? 인공위성이 고장 나 지구로 떨어져 폭발하는가 하면, 다른 위성들과 충돌해 갖가지 사고를 낼 수 있기 때문이에요. 실제로 국제우주정거장은 지난 2001년 이후, 700여 회나 우주 쓰레기와 충돌할 뻔했대요.

미래 유망사업은 우주 쓰레기 청소?

하늘에 띄운 우주선이나 로켓을 청소하는 회사들도 많아요. 아마도 멀지 않은 미래에는 유망사업이 될지도 몰라요. 그럼 우주 쓰레기는 어떻게 청소할까요?

★ 우주 안개 분무기는 미국 항공우주국(NASA)에서 내놓은 기술로, 우주 공간에 물체를 냉동시키는 안개를 뿌려서 우주 쓰레기를 얼게 해 궤도 이탈을 유도하는 방식이에요.

★ 끈끈이 접착 볼은 미국 이스턴뉴멕시코대학 손 쉐퍼드 박사가 내놓은 아이디어로, 접착성이 있는 공을 지구 밖으로 보내 쓰레기를 붙인 뒤 대기권으로 오게한 뒤 불태우는 거예요.

★ 미국 항공우주기업 테터스 언리미티드가 내놓은 쓰레기 그물 '러스틀러'는

우주 쓰레기를 그물로 거둬들여 대기권에서 불타도록 한 거예요.

★ 커다란 풍선으로 우주 쓰레기를 모으는 기술도 있어요. 미국 비행선 정비업체인 글로벌에어로스페이스가 만든 풍선은 가스를 가득 채운 풍선에 우주 쓰레기를 철썩 붙여 지구 대기권 근처로 끌어내리지요. 그러면 풍선에 붙은 우주 쓰레기가 대기권에 들어서면서 불타거나 바다로 안전하게 떨어질 수 있대요.

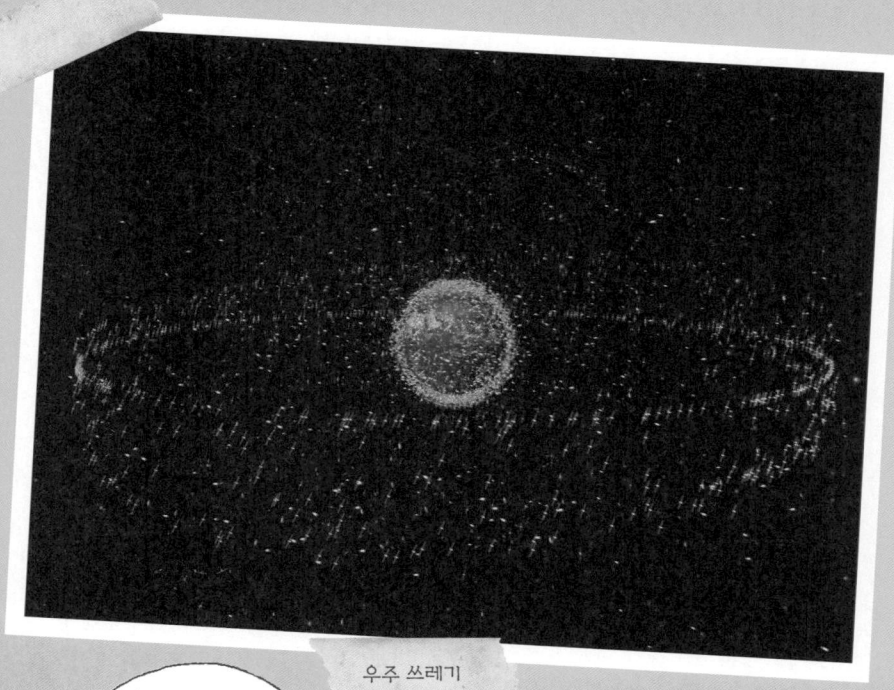

우주 쓰레기

우주 쓰레기는 고도 800~1,000km 사이에 가장 많이 있어요.

28. 태양계를 벗어난 보이저 호

황금 레코드

안녕, 내 이름은 '보이저 1호'라고 해. 나는 몇 년 전 태양계 끄트머리라고 불리는 '태양계 황야'를 가로질렀지. 지금은 태양계 가장자리에 해당하는 태양권을 탐사하는 임무를 수행 중이야. 이곳은 너희들이 있는 지구로부터 약 155km 떨어진 곳이지. 나도 지구에 있을 땐 그곳이 세상의 전부인 줄 알았지. 하지만 우주에 나와 보니 정말 어마어마하게 넓은 세상이 우리 앞에 펼쳐져 있다는 걸 알게 됐어. 내가 그렇게 오랜 시간 항해를 계속했는데도 내가 가본 곳보다는 못 가본 곳이 훨씬 더 많거든.

후유, 그동안 많은 일들을 보고 겪어서 사실 좀 지쳤단다. 하지만 너희들에게 내 이야기를 들려준다면 다시 힘이 날 것 같아.

내가 이처럼 어두컴컴한 우주 공간 항해를 시작한 것은 벌써 30년 전이야. 나는 미국의 항공우주국(NASA)에서 탄생했지. 나에게는 쌍둥이와 다름없는 '보이저 2호'라는 친구가 있었어. 그런데 어느 날 그 친구가 나보다 먼저 우주로 떠나는 바람에 외톨이가 되었지.

1977년 9월 5일, 나는 지구를 출발해 우주로 떠났단다. 내가 맡은 임무는 막중했어. 목성과 토성을 비롯, 지구에서 자세히 알지 못하

는 여러 외행성을 탐
사하는 임무를 맡은 거야. 내 덕
에 지구의 천문학자들은 1970년대 중반
에서 1980년대 사이에 화성 바깥쪽에 있
는 5개의 외행성인 목성, 토성, 천왕성, 해
왕성, 명왕성이 비스듬한 일직선상에 놓인
다는 사실을 알게 됐어. 이 같은 현상은 175
년 만에 한 번씩 나타나는 것이었지. 나는 이
외행성의 배열을 사진으로 찍어 지구에 보냈단
다. 그걸 본 천문학자들의 입이 다물어지지 않았대.

　내 자랑 같지만, 천문학자들을 감탄시킨 일은 또 있어. 목성 대기
에서 지구의 허리케인 같은 커다란 폭풍이 이는 장면을 촬영해 보내

준 거야. 그 땐 나도 이 같은 허리케인에 빨려들지 않으려고 애쓰느라 정말 곤혹스러웠거든. 또 목성의 위성 이오에서는 태양계에서 가장 큰 화산 활동이 벌어지고 있었어. 나는 얼른 이것도 찍어서 지구로 보냈어.

그것뿐인 줄 아니? 토성의 아름다운 고리를 이루는 건 셀 수도 없이 많은 얼음알갱이라는 걸 밝혀냈지. 내가 보낸 사진을 보고 천문학자들은 생각을 거듭했어. 또 근처에 있는 위성들이 이 알갱이들을 밀고 당겨 고리에 물결이 인다는 것도 알게 된 거야.

흠흠. 어쩌다 보니 내 자랑만 늘어놓게 되었네. 그렇지만 나는 지금도 지구로 돌아가고 싶어. 오랜 세월 떠돌았더니 향수병에 걸렸단다. 내 친구인 '보이저 2호'는 나보다 한 발 뒤진 곳에 있대. 친구도 만날 수 없고, 이젠 태양에서 너무 멀리 떨어져 태양열을 받을 수도 없단다. 이젠 내가 날아다닐 수 있는 전력을 얻기 위해 열전기 발전기를 돌리고 있어.

그래도 마지막 남은 바람이 있다면, 우주에 사는 생명체들이 내 메시지를 읽었으면 하는 거야. 난 세계 여러 나라의 인사말과 영상을 담은 황금 레코드판을 싣고 다니거든. 외계 생명체가 내 레코드를 틀어 '지구'라는 머나먼 곳에 사는 사람들이 건네는 인사말을 듣고, 지구로 메시지를 보냈으면 좋겠어. 너희들도 나랑 같이 소원을 빌어줄 거지?

우주의 떠돌이, 보이저 호

보이저(Voyager) 호는 미국항공우주국(NASA)에서 행성을 탐사하기 위해 개발한 우주 탐사선이에요. 1977년 8월 20일과 9월 5일에 보이저1, 2호는 목성, 토성, 천왕성, 해왕성 등 태양계의 외곽에 위치한 행성을 탐사하기 위해 발사되었어요. 보이저 호는 탐사 과정에서 목성의 위성인 이오에서 유황가스가 화산처럼 폭발하는 장면을 포함해 태양계의 신기한 사진을 10만 장이나 지구로 보냈어요. 현재 보이저 1호는 태양으로부터 약 160억km, 2호는 약 130억km 떨어져 넓은 우주를 탐사중이에요.

보이저 1호

지구의 소리가 모두 들어있어!

　지구의 소리가 들어있는 우주탐사선도 있어요. 미국항공우주국(NASA)은 혹시 존재할지 모르는 외계 생명체와 접촉에 대비해 지구의 각종 소리를 담은 '지구의 소리'라는 금도금 레코드판을 보이저 호에 넣어 두었어요. 이 레코드판 안에는 세계 100여 개 국가의 인사말, 전 미국 대통령 지미 카터와 전 유엔사무총장 쿠르트 발트하임의 메시지도 담겨 있어요. 고래의 언어로 된 인사말, 입맞춤과 어린이 우는 소리 등과 우리의 과학과 문명 등을 알리는 116개의 그림부호도 있지요. 만약 머나먼 우주 어딘가에 존재하는 외계인이 이 레코드판을 발견한다면, 어떤 반응을 보일까요?

지구의 소리가 담긴
레코드판

외계인이 메시지를 보내는 걸까?

　2010년 5월 11일, 독일의 일간지 빌드는 미국항공우주국(NASA)의 우주 탐사선 보이저 2호가 외계인에게 납치된 것 같다고 말했어요. 보이저 2호가 갑자기 이상한 자료를 지구로 전송했기 때문이죠. 미국항공우주국(NASA)의 과학자들은 이 자료를 해독하려 했지만 실패했어요. 독일의 외계인 전문가 하트위그 하우스도프는 외계인들이 보이저 2호를 납치한 뒤 자신들의 시스템으로 바꿔 자료를 전송한다고 주장하는 반면, 일부 과학자들은 노후된 보이저 2호가 고장 나면서 발생하는 현상이라고 주장하기도 해요. 현재까지도 멈추지 않고 이상한 신호를 보내는 보이저 2호, 노후된 탐사선의 단순 고장일까요? 하우스도프의 말처럼 외계인이 보이저 2호를 납치한 것일까요?

보이저 호가 발견한 것

보이저 호는 목성, 토성, 천왕성, 해왕성 탐사를 마치고 계속 우주를 항해하는 중이에요.
보이저 탐사선은 목성에서 3개의 위성을 새로 발견했고, 토성에서는 엄청난 폭풍이 불고 있다는 것을 알아냈어요. 또, 토성에 수천 개의 가는 선으로 보이는 고리가 얼음덩어리로 되어 있다는 것도 알아냈지요.
그밖에도 원래 5개로 알려져 있던 천왕성의 위성이 10개임을 확인해 주었답니다.
이렇게 인간이 직접 눈으로 확인할 수 없는 것들을 보이저 호가 대신해서 발견해주고 있어요.
보이저 2호는 원자력 전지가 다하는 2020년까지 우리에게 우주의 자료를 계속 보내줄 예정이랍니다.

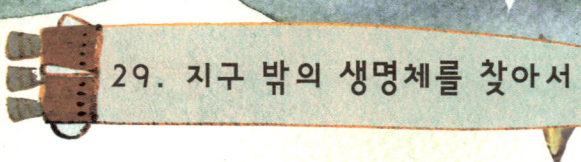

29. 지구 밖의 생명체를 찾아서

✦우✦주✦인✦의 ✦초✦대

"우주선에 이상 신호가 발견됐다. 자말, 레이더에 뭔가 잡히나?"

손텔이 다급한 목소리로 팀원 자말을 불렀어요.

우주인 세 명은 정신없이 흔들리는 우주선을 조종하려고 했으나 역부족이었어요. 손 쓸 틈도 없이 우주선은 눈앞에 보이는 커다란 별로 빨려 들어갔지요. 시야에 들어온 푸른색 별이 아주 커다랗게 보일 때쯤 모두 정신을 잃고 말았지요.

손텔이 눈을 떴어요. 그 앞에 지구인과 비슷해 보이는 생명체가 보였지요. 자말과 애니스톤은 좌우 긴 의자에 누워서 멀뚱멀뚱 주위를 둘러보고 있었어요.

"지구에서 온 탐험대군. 주된 임무는 무엇인가?"

손텔은 입도 벙끗 안 하는 생명체가 말을 걸어오자 화들짝 놀랐지요.

"우리는 지구 밖의 생명체를 찾는 역사적 프로젝트 '갤럭시 넘버2'의 임무를 수행하러 나선 우주인이다. 여기는 어디이고, 당신은 누구인가?"

"여기는 자이로라는 별이다. 당신들이 살고 있는 태양

계 지구에서 3,800광년 떨어진 곳으로, 나
는 이 별의 방위대장 보이코76이다. 사실 난
당신들을 체포한 것이다. 고단위광선을 발사해
당신네 우주선을 빨아들인 것이다."

'지구인들보다 월등한 과학적 지식
과 기술로 무장하고 있군.'

손텔은 머릿속으로 생각
했어요.

"자이로 행성인들은 지구인처럼 말을 쓰지 않는다. 하지만 지구인들의 생각쯤은 단번에 알아차릴 수 있다. 외계생명체가 있는지 궁금하다고 했나?"

"그렇다. 우리는 다른 곳에 생명체가 살고 있는지 늘 궁금했다. 그래서 외계생명체를 찾으려고 수없이 많은 로켓을 쏴 올리고 있다."

"우주가 얼마나 넓은 곳인지를 알면, 다른 생명체가 있을까를 고민하지 않을 것이다. 이 넓은 우주에 너희 말고 다른 생명체들이 없겠는가?"

그건 손텔도 늘 궁금하던 거였지요.

손텔은 놀라서 보이코76의 얼굴을 다시 보았어요. 지구인보다 더 똑똑한 외계생명체가 있을 거라고 생각해 보긴 했지만, 직접 얼굴을 대하고 보니 상대가 되지 않았거든요.

"우리의 손님이 되어 우리은하와 지구에 대해 얘기해 달라. 하지만 이곳에 1달 머물면, 지구에서는 10년이란 세월이 흘렀을 것이다. 나의 초대를 받아들이겠는가?"

손텔은 난감한 표정으로 팀원들을 보았어요. 자말과 애니스톤이 고개를 끄덕이는 게 보였지요.

"하지만 조건이 있다. 우리에게도 이곳을 둘러보고, 이곳의 과학 기술과 문명을 살펴볼 기회를 달라. 그런 조건이라면 초대에 기꺼이 응하겠다."

보이코가 손바닥을 펴자, 그곳에서 빨간불이 깜빡거렸어요. 수락의 표시였지요.

외계인에게 편지를 보냈어!

　세계 곳곳에서 외계인을 봤다고 주장하는 사람들은 매우 많아요. 그럼 외계인에게 편지를 보낸 사람도 있을까요? 1974년 11월에 푸에르토리코 아레시보 천문대에서 디지털 암호로 만든 메시지를 우주로 전송했어요. 외계인들에게 편지를 보낸 셈이죠. 그 메시지 안에는 지구에 관한 것들이 들어있어요. 지구를 이루는 물질의 원자번호와 우리의 DNA의 구조를 보내서 태양계의 세 번째 행성인 지구에 지적 생명체인 우리 인간이 살고 있는걸 알리기 위해서죠. 그들이 존재한다면 과연 우리가 보낸 메시지를 받았을까요?

아레시보 천문대

UN에는 외계인 담당 UFO 대사가 있어!

2010년 9월 27일, 하나의 기사가 세상 사람들을 놀라게 했어요. UN에서 UFO(미확인비행물체) 대사를 임명했다는 내용이었죠. UFO 대사로는 말레이시아의 천체물리학자인 마즐란 오트만 여사가 임명되었어요. 오트만 여사는 외계인이 지구를 방문할 경우 가장 먼저 그들을 맞이하게 돼요. 오늘날 세계 곳곳에서 UFO로 추정되는 비행물체들이 하루가 멀게 발견되고 있지요. 또 영국의 물리학자인 스티븐 호킹 박사도 최근 외계인이 존재할 가능성이 크며, 그들이 지구의 자원을 빼앗을 거라며 경고하기도 했어요. 외계인들이 정말 지구로 오는 공상과학 영화 같은 일이 일어날까요? 과연 외계인들은 적일까요, 친구일까요?

마즐란 오트만
(UN UFO 대사)

지적인 외계인을 찾아서

'SETII(Search for Extraterrestrial Intelligence) 프로젝트'란 외계의 지적 생명체를 찾기 위한 프로젝트예요. 외계인들이 있다고 생각해 우주에서 오는 전파들을 잡아 연구하지요. 이 프로젝트에는 스티븐 호킹 박사를 비롯해 세계의 많은 과학자들이 관심을 가지고 있어요. 미국 영화감독인 스티븐 스필버그 감독은 흥행수익금 중 10만 달러를 기부하기도 했지요. 하지만 아직 외계 지적 생명체가 보냈을 만한 신호는 발견되지 않았어요. 어떤 사람들은 이 프로젝트가 시간낭비라고 비난하기도 해요. 과연 이 끝없이 넓고 신비한 우주에 지적 생명체는 우리 인간뿐일까요?

외계인의 신호를 모으는 사람들

세티(SETI) 프로젝트를 진행하고 있는 사람들은 우주 어디엔가에 있을 우리와 같거나 혹은 우리보다 더 뛰어난 지능을 가진 외계생명체를 찾고 있어요. 만약 우리와 비슷한 지능을 가진 외계인이 우주에 존재한다면 그들도 우리와 비슷한 과학의 발전을 이루었을 것이고, 우리가 주로 라디오나 텔레비전을 통해 보고 듣는 전파의 형태를 그들도 사용할 줄 알 것이라는 가정 하에 진행되는 실험이랍니다.

세티 과학자들은 여러 망원경들을 사용하기도 하지만 주로 전파망원경으로 외계 생명체가 보낸 신호들을 수집해요. 그러나 아직까지는 외계 생명체가 보냈다고 생각할 만한 신호는 잡히지 않고 있어요.

우리나라에도 이 같은 전파를 잡을 수 있는 전파망원경이 국립과천과학관에 설치되어 있답니다.

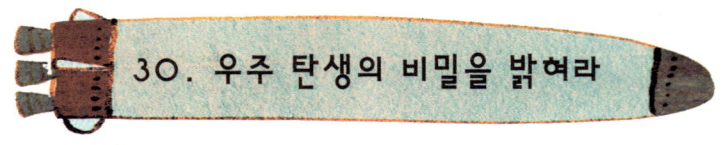
천지창조의 순간

'과연 우주는 어떻게 만들어진 것일까?'

뉴톤은 오늘도 실험실에서 곰곰이 생각에 잠겼어요. 그 옆에는 식당에서 가져온 맛있는 스테이크가 서서히 식고 있었지요.

'우주가 결국 하나의 점에서 시작된 것'이며 '우주는 점점 팽창하고 있다.'는 빅뱅이론이 과학계에서 힘을 얻은 뒤, 뉴톤의 생각은 점점 더 깊어졌어요.

'만약 우주가 하나의 점에서 시작된 것이라면, 이 같은 상황을 인간이 다시 만들어 낼 수 있지 않을까?'

얼마나 깊이 생각에 잠겨 있었는지, 연구소 동료 매키가 들어와서 말을 건 줄도 몰랐어요.

"뉴톤, 점심식사도 거른 채 무슨 생각을 그리 골똘히 하고 있어?"

"아, 매키! 우리가 우주 탄생의 순간을 재현해낼 수 있지 않을까?"

뜬금없는 말에 놀라는 매키였지만, 곧 열성적인 뉴톤의 설명에 빠져 들었지요.

"그렇다면 자네 말은 우리가 거대한 충돌을 일으킨다면, 우주가 처음 탄생하는 순간을 볼 수 있다는 말이로군! 정말 놀라워."

뉴톤의 설명은 대강 이랬어요. 거대한 기계를 만들어 그 안에서 엄청난 힘으로 입자를 충돌하게 만든다면, 그 입자는 그것보다 더 작은 물질로 깨질 거라고요. 물론 현미경 같은 걸로는 볼 수 없는 아주 아주 작은 알갱이인 거지요. 이 같은 기계가 만들어진다면, 우주 탄생의 순간을 엿볼 수 있는 아주 거대한 현미경이 될 거예요.

연구에 연구를 거듭한 어느 날, 뉴톤은 실험데이터를 들여다보곤 환호성을 질렀지요.

"됐어, 바로 이거야!"

뉴톤은 한달음에 매키의 실험실로 찾아갔어요. 느닷없는 친구의 방문에 매키는 누구보다도 깜짝 놀랐지요.

"두문불출하더니

어인 행차인가? 도대체 무슨 일이야?"

"드디어 됐네, 됐어, 이 사람아. 고마우이."

환해진 뉴톤의 얼굴에 매키도 덩달아 기뻤어요.

"드디어 원하던 데이터를 얻었네. 이제 기계만 만들면 '우주 탄생의 순간'을 우리가 지켜볼 수 있게 될 걸세. 천지창조의 열쇠를 손에 거머쥐었단 말일세."

뉴톤이 속사포처럼 빠르게 말했어요.

"이제는 후원자를 구해야겠네. 어마어마하게 큰 입자가속기를 만들려면 몇 사람만으론 부족하네. 어림도 없지. 수만 명이 필요할 지도 모르는 방대한 작업이네. 아니지, 그걸 만들려면 작은 입자가속기를 만들어 선보여야 할 걸세. 하여간 사람들은 잘 믿지 못해서 말이야."

뉴톤은 다시 실험실에 틀어박혀서 입자가속기를 만드는 작업을 진행했어요. 한편으로는, 모의로 시뮬레이션을 하는 실험도 계속했지요.

"시뮬레이션을 통해 원하는 결과를 얻을 수 있다는 게 증명되었네. 이젠 당초 생각했던 대로 거대한 입자가속기를 만들 때가 되었어. 연구진과 기금만 모아진다면, 그 누구도 풀지 못한 '우주 탄생의 비밀'을 알아낼 수 있을 거야."

모의실험이 성공한 날, 뉴톤이 다시 매키의 실험실로 찾아와 이같이 커다란 꿈을 밝혔어요. 그리고 수년 뒤, 뉴톤이 말하던 어마어마한 초대형 입자가속기가 세상에 모습을 드러냈지요.

입자가속기는 무엇일까?

　사람의 눈에는 보이지 않지만, 모든 물체는 원자라는 작은 입자로 되어 있어요. 그리고 원자의 중심에는 원자핵이 있고, 그 주위를 전자들이 돌고 있지요. 원자 안에는 전자 말고도 양성자, 이온, 중성자 등이 들어 있어요. 입자가속기는 전자, 양성자, 이온 등 전기를 띤 입자를 전기장을 사용해 빛의 속도인 초속 30km에 가깝게 속도를 높여주는 장치예요. 이들 입자를 서로 부딪치게 해서 나오는 것들을 관찰하기 위해 만들어진 거지요.

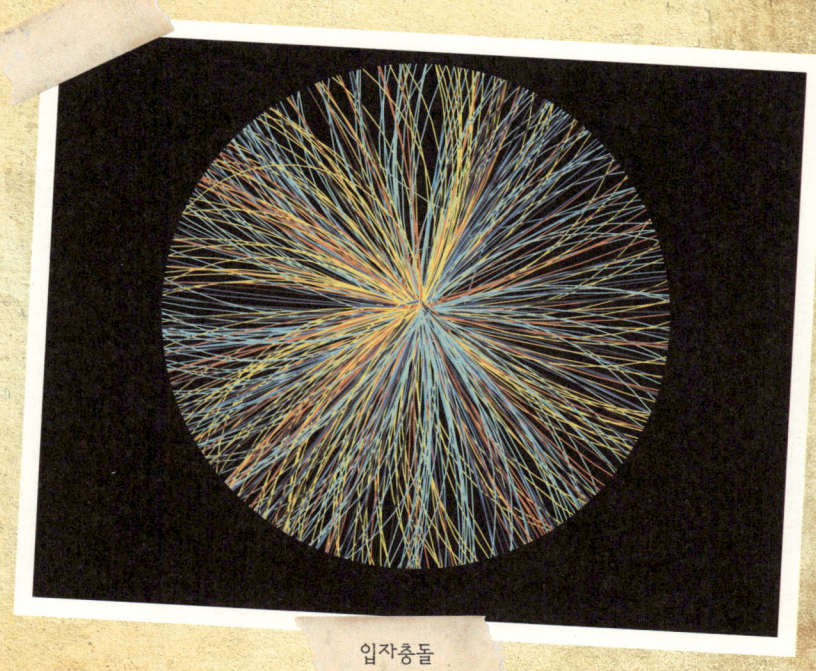

입자충돌

거대입자가속기, 천지창조의 순간 보여줄까?

    과학자들이 거대입자가속기를 만든 이유는 무엇일까요? 거대입자가속기에서 양성자를 충돌시켜 나오는 소립자들이 우주의 탄생의 비밀을 쥔 빅뱅 상황과 비슷하다고 여기기 때문이에요. 수백억 년 전 모든 물질을 응축하고 있었던 작은 점이 대폭발하면서 안에 있던 물질들이 튀어나오며 계속 팽창해 현재의 우주를 구성했다는 것이 빅뱅이론이지요. 거대입자가속기를 돌리면, 천지창조의 순간을 재현해낼 수 있다는 것이 과학자들의 생각이에요.

유럽입자물리연구소

세상을 떠들썩하게 만든 거대입자가속기, LHC

지난 2009년, 유럽원자핵공동연구소(CERN)의 대형강입자충돌기(Large Hadron Collider, LHC)에 전 세계 사람들의 눈과 귀가 쏠렸어요. 지하 100m에 건설된 둘레 27km 짜리 가속기인 LHC는 두 개의 양성자 빔을 원형으로 가속시켜 고에너지로 충돌시켰어요. 이때의 충돌 에너지는 양성자의 질량보다 1만 4천 배나 높은데, 이는 인류가 소립자로 만들어 낸 가장 큰 에너지였지요. 이때 블랙홀이 만들어질 수도 있다는 등, 우주 창조의 비밀을 캘 수 있다는 등 떠들썩했으나 아직 그 결과는 몰라요. 만약 이 실험이 성공한다면, 수천 년간 인간이 가져왔던 '우주 창조의 비밀'에 대한 해답이 나올지도 몰라요.

대형 강입자충돌기

※이 책에 쓰인 사진의 저작권을 표시합니다. 각각 표시 중 ⓘ는 저작자 표시, ⊜은 변경 금지, ⊚는 동일조건 변경허락 등을 의미합니다.